高校土木工程专业规划教材

土建 CAD 教程

(第二版)

张渝生　主编

中国建筑工业出版社

图书在版编目(CIP)数据

土建 CAD 教程/张渝生主编. —2 版. —北京：中国建筑工业出版社，2008
高校土木工程专业规划教材
ISBN 978-7-112-10089-7

Ⅰ. 土… Ⅱ. 张… Ⅲ. 建筑设计：计算机辅助设计-高等学校-教材 Ⅳ. TU201.4

中国版本图书馆 CIP 数据核字(2008)第 066581 号

本书共 10 章，主要讲述平面绘图和三维绘图的知识。本书主要内容包括：AutoCAD 基本知识，二维绘图基本命令，基本编辑命令，图层与图块，尺寸与文字标注，三维建模基础，三维坐标变换方法，三维实体建模，三维实体编辑，路桥建模与渲染。

本书可作为土木工程相关专业的教师、学生的参考用书及职业培训教材。

* * *

责任编辑：王 跃 吉万旺
责任设计：赵明霞
责任校对：王雪竹 孟 楠

高校土木工程专业规划教材
土建 CAD 教程
（第二版）
张渝生 主编

*

中国建筑工业出版社出版、发行(北京西郊百万庄)
各地新华书店、建筑书店经销
北京红光制版公司制版
北京云浩印刷有限责任公司印刷

*

开本：787×1092 毫米 1/16 印张：15½ 字数：380 千字
2010 年 8 月第二版 2017 年 8 月第十五次印刷
定价：28.00 元
ISBN 978-7-112-10089-7
(16892)

版权所有 翻印必究
如有印装质量问题，可寄本社退换
（邮政编码 100037）

第二版前言

本书《土建 CAD 教程》第一版于 2004 年 6 月印刷出版至今已有 4 年，2004 版教材也逐渐被认可。一般说来，学生比较喜欢最新出版的教材，通常计算机软件教材使用周期大约为 3～5 年，再加上土建行业的技术人员急需 CAD 的最新资料，因此，组织了各位参编人员对第一版进行了修订。

本书第二版在第一版教材 10 个章节的基础上增加了许多内容：1.36 创建和编辑面板，1.37 面板的组织与操作，2.8.6 选择渐变色填充，2.8.7 改变重叠图案的显示次序，5.24AutoCAD2008 版增加的几种标注，6.11 三维点线面的绘制，6.12 怎样设计计算实体的体积，6.13 怎样设计计算实体内外总表面积，7.5 在实体模型中使用动态 UCS，8.10 三维放样建模法，8.11 三维扫掠建模法，8.12 三维多实体建模法，9.18 按住或拖动有限区域，9.19 将边和面添加到实体，9.20 移动、旋转和缩放子对象，9.21 创建截面对象，9.22 将折弯添加至截面。另外，重新编写了第 10 章路桥建模与渲染。

本书第二版的第 6～10 五个章节按 AutoCAD2008 版模式，教学内容作了许多修改。

本书第二版的每一章开头增加了本章教学内容的提示，结尾增加了上机实验及本章的思考题，使教材更加规范化、人性化。

本书第二版第 1 章～第 3 章的修订由贵州大学土木建筑工程学院唐虹编写，第 4 章～第 10 章的修订由贵州大学土木建筑工程学院张渝生编写。

书中不足之处，敬请批评指正。

第一版前言

通过多年的 CAD 教学，编者摸索出一套学生容易接受的 CAD 教学方法。学习《土建 CAD 教程》时，开始阶段要避免枯燥的理论教学，上课时，以实例入手，用大量的例子，由浅入深地吸引学生的感观，使学生感兴趣，注意力集中。这样在学习实例的过程中，不必花太多的时间就自然地掌握了 CAD 的绘图命令。

在讲解每一个实例的过程中，以明晰的操作步骤慢慢地引入 CAD 绘图的概念。在学习实例的操作步骤中，加入 CAD 绘图的应用技巧，使学生对所学的 CAD 绘图命令能融汇贯通。

CAD 教学要以学生为主体，教师为主导，以 CAD3D 建模教学章节作为重点专题讲授。把 CAD 与画法几何、工程制图等融为一体。在教学中，工程制图难以建立的空间概念可以从 CAD 三维视图中得到启发。用工程制图所绘制的图形可以同 CAD 三维视图进行对比，找出错误，加以改正。

利用 CAD 多视图绘制三维图形，形象地进入三维空间，可展示三维模型与三维坐标系空间变换的关系，达到直观快速的目的。

CAD 三维建模教学是 AutoCAD2004 的重点和难点。学生从二维绘图到三维绘图要经过建立空间三维模型的过程，三维坐标系的空间变换是这个学习过程的关键。

我们知道，要真正步入 CAD 的殿堂，第一步就要学会用 CAD 建模，模型都不能建立，更谈不上渲染与配图。AutoCAD2004 的强项就是精确建模。

CAD 教学利用了多媒体网络的互动技术，在教学过程中克服了工程制图教学满堂贯的弊病，取而代之的是教师与学生的互动教学。教学双方亲临 CAD 绘图环境，学生记忆深刻，获得的信息量大。抽象的概念在动态教学过程中建立。教师可随时纠正学生在绘图时出现的错误。

本教材以编者多年的 CAD 教学讲义为蓝本，从 R12 版本起，不断地改进，近两年来，配合 CAD 的多媒体教学，提高了 CAD 的教学质量。本教材的特点是普通实用，不拘于某个专业，土建专业的实例要多一些。实践是检验教学质量的标准。必修、选修 AutoCAD 这门课程的同学逐年增多，用本教材教学，取得了较好的效果。本教材 4、5、6、7、8、9、10 章由张渝生编写，1、2、3 章由唐虹编写。贾朝政副教授、陈波副教授、代富红老师对本书的编写提供了许多帮助，在此表示感谢。

由于编者的水平有限，书中的不足之处，请读者批评指正。

电子邮件信箱是：E-mail：gyzys@tom.com

目 录

1 AutoCAD 基本知识 ······ 1

- 1.1 AutoCAD2008 界面介绍 ······ 1
- 1.2 对象捕捉 ······ 4
- 1.3 三种坐标输入法 ······ 6
- 1.4 画 30°射线 ······ 10
- 1.5 对象追踪画矩形 ······ 10
- 1.6 用简便输入法绘制立柱 ······ 11
- 1.7 画七巧板 ······ 11
- 1.8 移动坐标指定新原点 ······ 12
- 1.9 线型设置 ······ 12
- 1.10 线宽设置 ······ 13
- 1.11 颜色设置 ······ 14
- 1.12 单位设置 ······ 14
- 1.13 视图缩放 ······ 15
- 1.14 鸟瞰视图 ······ 15
- 1.15 查询属性 ······ 15
- 1.16 文件操作 ······ 16
- 1.17 图形属性 ······ 18
- 1.18 用格式刷修改图形属性 ······ 18
- 1.19 用时实平移图标移动图形 ······ 19
- 1.20 用时实缩放图标缩放图形 ······ 19
- 1.21 用窗口缩放图标缩放图形 ······ 19
- 1.22 点过滤器 ······ 19
- 1.23 帮助 ······ 20
- 1.24 图标回到左下角 ······ 21
- 1.25 定义图标的属性 ······ 21
- 1.26 命令的嵌套执行 ······ 21
- 1.27 命令行形式 ······ 21
- 1.28 重复执行上一次命令 ······ 22
- 1.29 自动执行"Help"命令 ······ 22
- 1.30 利用鼠标侧键和滚轮 ······ 22
- 1.31 坐标值的三种显示状态 ······ 23

1.32	WCS 和 UCS	24
1.33	构造选择集	24
1.34	回到命令状态	25
1.35	学习 CAD2008 新功能	25
1.36	创建和编辑面板	26
1.37	面板的组织与操作	26
1.38	上机实验	27
思考题		28

2 二维绘图基本命令 ... 29

2.1	二维绘图工具条	29
2.2	用多线画建筑平面图墙体	41
2.3	用多段线画建筑平面图墙体	42
2.4	用多边形绘制同心图案	43
2.5	用样条曲线绘制公路施工图	44
2.6	绘制印刷电路板	44
2.7	绘制 $\sqrt{2} \sim \sqrt{6}$ 图案	44
2.8	图案高级填充	45
2.9	上机实验	49
思考题		49

3 基本编辑命令 ... 50

3.1	二维修改工具条	50
3.2	各种地板图案	71
3.3	各种门窗洞图案	72
3.4	各种铁艺图案的画法	74
3.5	绘制印花图案	78
3.6	绘制窗花图案	78
3.7	绘制各种檐口图案	79
3.8	上机实验	79
思考题		80

4 图层与图块 ... 82

4.1	图层及图层工具条	82
4.2	绘制块并插入	86
4.3	写块操作	87
4.4	什么是块属性	88
4.5	设计中心的用途	94
4.6	外部参照与插入外部参照	99

  4.7 上机实验 ……………………………………………………………… 101
  思考题 ……………………………………………………………………… 103

5 尺寸与文字标注 ……………………………………………………………… 104

  5.1 尺寸标注概论 …………………………………………………………… 104
  5.2 尺寸标注工具条 ………………………………………………………… 106
  5.3 雨水管尺寸标注 ………………………………………………………… 111
  5.4 立面屋顶标注 …………………………………………………………… 111
  5.5 剖面标注 ………………………………………………………………… 112
  5.6 建立新原点进行坐标标注 ……………………………………………… 113
  5.7 公差标注 ………………………………………………………………… 114
  5.8 螺钉的公差标注 ………………………………………………………… 115
  5.9 尺寸文字编辑 …………………………………………………………… 116
  5.10 倾斜标注 ………………………………………………………………… 117
  5.11 编辑标注文字 …………………………………………………………… 118
  5.12 单击 ⌐ 标注更新 ………………………………………………………… 119
  5.13 线性标注在确定尺寸线位置之前可编辑尺寸文字与角度 ………… 120
  5.14 文本标注 ………………………………………………………………… 120
  5.15 文字的编辑 ……………………………………………………………… 122
  5.16 堆叠/非堆叠 …………………………………………………………… 123
  5.17 画标题栏并输入文字 …………………………………………………… 125
  5.18 查找文字并替换 ………………………………………………………… 126
  5.19 三维图形的标注 ………………………………………………………… 127
  5.20 四视图的标注 …………………………………………………………… 129
  5.21 建筑施工图的标注 ……………………………………………………… 129
  5.22 滚动轴承的标注 ………………………………………………………… 130
  5.23 CAD2008 增加的几种标注 …………………………………………… 130
  5.24 上机实验 ………………………………………………………………… 134
  思考题 ……………………………………………………………………… 135

6 三维建模基础 …………………………………………………………………… 137

  6.1 三维模型 ………………………………………………………………… 137
  6.2 三维空间 ………………………………………………………………… 137
  6.3 三维模型有三种形式 …………………………………………………… 137
  6.4 三维视点的概念 ………………………………………………………… 137
  6.5 三维视点的设置 ………………………………………………………… 138
  6.6 设置多视口 ……………………………………………………………… 139
  6.7 三维视图动态观察 ……………………………………………………… 139
  6.8 （dview）动态观察 ……………………………………………………… 140

6.9 透视观察 ·· 140
6.10 连续观察 ·· 140
6.11 三维点线面的绘制 ··· 141
6.12 计算实体体积 ··· 143
6.13 计算实体的面积 ··· 144
6.14 二维模型与三维模型的布局 ··· 145
6.15 二维模型与三维模型的打印 ··· 146
6.16 上机实验 ·· 147
思考题 ·· 148

7 三维坐标变换方法 ·· 150

7.1 三维坐标系工具条 ··· 150
7.2 三维坐标系 ·· 150
7.3 世界坐标系 ·· 156
7.4 绘制多层三维楼梯 ··· 157
7.5 在实体模型中使用动态 UCS ··· 159
7.6 上机实验 ·· 160
思考题 ·· 166

8 三维实体建模 ·· 167

8.1 拉伸法 ·· 167
8.2 布尔运算法 ·· 168
8.3 剖切法 ·· 169
8.4 旋转法 ·· 170
8.5 标高法 ·· 170
8.6 镜像法建模 ·· 171
8.7 阵列法建模 ·· 172
8.8 厚度法建模 ·· 172
8.9 三维曲面建模法 ··· 173
8.10 三维放样建模法 ·· 177
8.11 三维扫掠建模法 ·· 179
8.12 三维多实体建模法 ·· 180
8.13 上机实验 ·· 181
思考题 ·· 187

9 三维实体编辑 ·· 189

9.1 面着色 ·· 189
9.2 倾斜面 ·· 190
9.3 复制面 ·· 190

9.4 压印操作 ············ 191
9.5 删除面 ············ 191
9.6 抽壳操作 ············ 192
9.7 拉伸面 ············ 192
9.8 拉伸倾斜角度面 ············ 193
9.9 沿路径拉伸面 ············ 193
9.10 一次拉伸相邻的多个面 ············ 194
9.11 移动面 ············ 194
9.12 旋转面 ············ 195
9.13 剖面生成 ············ 195
9.14 三维镜像 ············ 196
9.15 三维旋转 ············ 196
9.16 三维阵列 ············ 198
9.17 三维对齐 ············ 198
9.18 按住或拖动有限区域 ············ 199
9.19 将边和面添加到实体 ············ 199
9.20 移动、旋转和缩放子对象 ············ 200
9.21 创建截面对象 ············ 201
9.22 将折弯添加至截面的步骤 ············ 202
9.23 上机实验 ············ 202
思考题 ············ 208

10 路桥建模与渲染 ············ 209

10.1 绘制石拱桥 ············ 209
10.2 绘制吊桥 ············ 212
10.3 绘制钢拱桥 ············ 217
10.4 绘制桁架桥 ············ 219
10.5 绘制高架桥 ············ 222
10.6 绘制立交桥 ············ 223
10.7 绘制弧形路面与弧形路面相交 ············ 223
10.8 改变标高绘制立交桥 ············ 224
10.9 绘制拉索桥 ············ 227
10.10 绘制大跨度桥 ············ 228
10.11 绘制桥墩路面 ············ 230
10.12 三维建筑的着色与渲染 ············ 231
10.13 上机实验 ············ 236
思考题 ············ 237

主要参考文献 ············ 238

1 AutoCAD 基本知识

教学要求： AutoCAD 是一个交互式绘图软件，是用于二维及三维设计、绘图的系统工具，用户还可以使用它来创建、浏览、管理、打印、输出、共享设计图形。本章让学生了解 CAD 绘图的特点及功能，了解 AutoCAD2008 工作界面，图形显示控制命令，图形文件管理，包括图形文件的打开、关闭、新建、保存、保护、检查和修复等操作；让学生会使用线型设置、线宽设置、颜色设置，动态输入，面板的组织与操作；让学生掌握绘图命令和数据的输入方法，重点是三种坐标系统数据的输入方法。

1.1 AutoCAD2008 界面介绍

AutoCAD2008 界面由标题栏、菜单栏、工具栏、命令窗口、状态栏、面板等组成（图 1-1）。

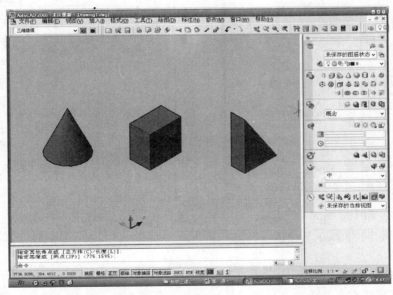

图 1-1 AutoCAD2008 界面

1.1.1 二维绘图面板与三维绘图面板的转换

单击界面左上角三维建模对话框的下拉箭头，此时，绘图环境可在下拉菜单切换（图 1-2～图 1-4）。

1.1.2 菜单栏

提供交互式菜单命令，共 11 个菜单。可以使用菜单、快捷菜单访问常用的命令（图 1-5）。

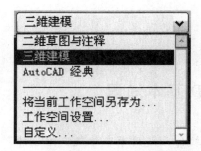 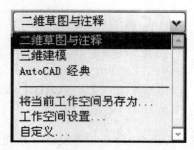

图1-2 绘图环境可在下拉菜单切换

 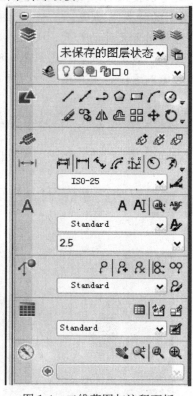

图1-3 三维建模面板　　　　　图1-4 二维草图与注释面板

图1-5 菜单栏

1.1.3 命令窗口

窗口可以调整大小，命令窗口中可显示命令、系统变量、选项、信息，供用户输入命令与参数，还可显示用户操作所对应的提示，可以在命令窗口编辑文字（图1-6）。

图1-6 命令窗口

1.1.4 文本窗口

单击F2进入文本对话框，作用是记录命令，可用文本窗口中EDIT命令在不同的编辑软件中拷贝文本（图1-7）。

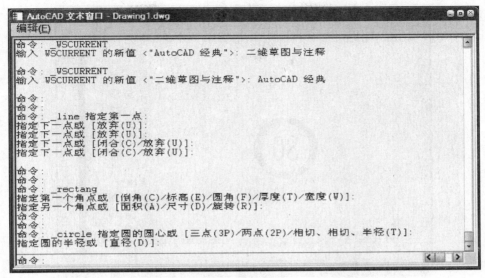

图 1-7　文本窗口

1.1.5　状态栏

显示坐标和各类快速绘图工具按钮，在状态栏上的空白区域单击右键，然后单击按钮名称，可以控制快速绘图工具是否在状态栏上显示（图 1-8）。

图 1-8　状态栏

1.1.6　工具选项板

工具选项板是提供组织、共享和放置块及填充图案的有效方法。工具选项板可以提供自定义工具（图 1-9）。

（1）用工具选项板填充图案：点击 　，选择图案，拖动图案到需填充的位置。

（2）用工具选项板放置块：点击 　，选择图案，点击建筑项目，拖动建筑样例到所需的地方（图 1-10）。

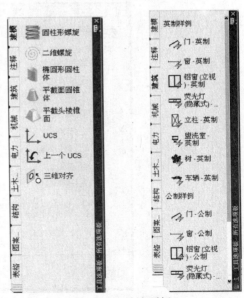

（3）可以通过将以下任何一项几何对象拖至工具选项板（一次一项）来创建工具。

几何对象：直线、圆、多段线、标注、块、图案填充、实体填充、渐变填充、光栅图像、外部参照。

注意：将对象拖动到工具选项板上时，可以通过在选项卡上悬停几秒钟以切换到其他选项卡。

1.1.7　模型空间和图纸空间转换

绘图窗口的下部有一个模型选项按钮和多个布局选项按钮，分别用于显示图形的模型空间和图纸空间（图 1-11）。

图 1-9　工具选项板

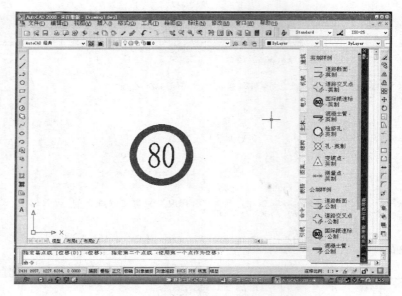

图 1-10　用工具选项板放置红色 80 图案

图 1-11　模型空间和图纸空间转换按钮

1.2　对　象　捕　捉

单击工具，单击草图设置，选中对象捕捉，选中特殊点，单击确定（图 1-12）。
(1) 正交：强制绘制平行线或垂直线。
(2) 极轴：单击工具，单击草图设置，选中极轴跟踪，输入增量角，单击确定，自动绘制增量角度。

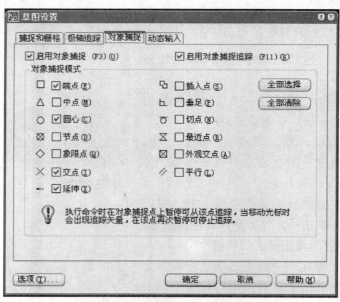

图 1-12　对象捕捉对话框

(3) 对象追踪：根据需要，跟踪某点的坐标。
(4) 捕捉：捕捉栅格点。

1.2.1 用对象捕捉等分 DIVIDE 节点

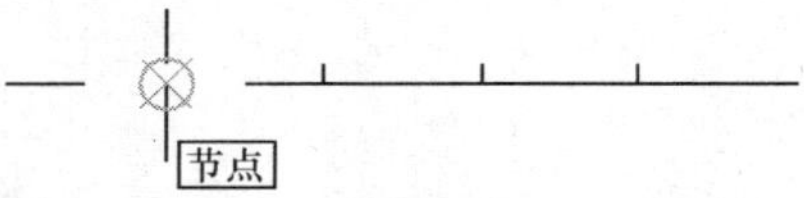

图 1-13 捕捉等分节点

DIVIDE 等分对象的长度，在选定对象上标记长度相等的段数，定数等分的对象包括圆弧、圆、椭圆、椭圆弧、多段线和样条曲线（图 1-13）。

点击格式，选择点样式。

命令：'_ ddptype

正在初始化……已加载 ddptype。正在重生成模型。

点击绘图，点击点，点击定数等分。

命令：_ divide

选择要定数等分的对象：

输入线段数目或［块（B）］：5

1.2.2 用对象捕捉象限点。

命令：_ circle 指定圆的圆心或［三点（3P）/两点（2P）/相切、相切、半径（T）］：

指定圆的半径或［直径（D）］：20

在状态栏打开对象捕捉开关，打开对象捕捉对话框，选择捕捉象限点（图 1-14）。

1.2.3 用对象捕捉平行点画平行线

点击 C 点，把光标移到 AB 线上，待黄色的小平行线图标出现时，光标向右下移动，待虚线出现时，点击 D 点，CD 线平行于 AB 线（图 1-15）。

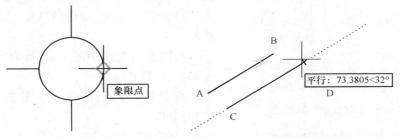

图 1-14 捕捉象限点　　　　图 1-15 捕捉平行点

1.2.4 用对象捕捉延伸点

点击 C 点，把光标移到 B 点上，待黄点出现时，光标向右上移动，待虚线出现时，点击 D 点，CD 线上的 D 点在 AB 延长线上（图 1-16）。

1.2.5 用对象捕捉外观交点

实际上是捕捉 AB 与 CD 的投影交点。用在三维图形捕捉外观交点（图 1-17）。

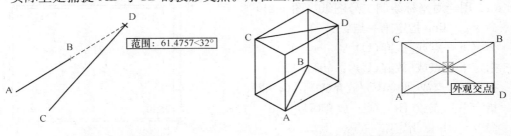

图 1-16 捕捉延伸点　　　　图 1-17 捕捉外观交点

1.3 三种坐标输入法

(1) 绝对坐标：相对于原点的坐标（图1-18）。
(2) 相对坐标：输入点相对于前一点的x与y方向的位移（图1-19）。

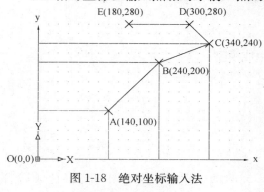

图1-18 绝对坐标输入法

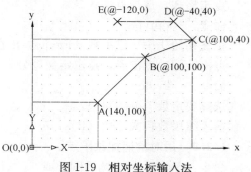

图1-19 相对坐标输入法

(3) 相对极坐标：输入点相对于前一点的距离与输入点与前一点的连线和X轴正方向的夹角（图1-20）。

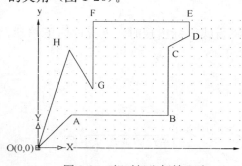

图1-20 相对极坐标输入法

命令：_line 指定第一点：0，0
指定下一点或[放弃(U)]：@100＜45；（A点）
指定下一点或[放弃(U)]：@200＜0；（B点）
指定下一点或[闭合(C)/放弃(U)]：@150＜90；（C点）
指定下一点或[闭合(C)/放弃(U)]：@50＜30；（D点）
指定下一点或[闭合(C)/放弃(U)]：@30＜90；（E点）
指定下一点或[闭合(C)/放弃(U)]：@200＜180；（F点）
指定下一点或[闭合(C)/放弃(U)]：@150＜270；（G点）
指定下一点或[闭合(C)/放弃(U)]：@100＜120；（H点）
指定下一点或[闭合(C)/放弃(U)]：c

1.3.1 用三种坐标输入法绘制各类图形

(1) 用绝对坐标绘制二号图纸（图1-21）。
命令：_line 指定第一点：0，0
指定下一点或[放弃(U)]：594，0
指定下一点或[放弃(U)]：594，420
指定下一点或[闭合(C)/放弃(U)]：0，420
指定下一点或[闭合(C)/放弃(U)]：c
命令：_line 指定第一点：
指定下一点或[放弃(U)]：25，10

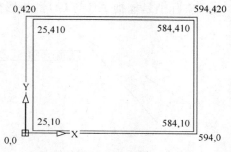

图1-21 用绝对坐标绘制二号图纸

指定下一点或[放弃(U)]：584，10

指定下一点或［闭合（C）/放弃（U）］：584，410

指定下一点或［闭合（C）/放弃（U）］：25，410

指定下一点或[闭合(C)/放弃(U)]：c

（2）用相对坐标绘制二号图纸：在CAD命令窗口输入from，或点击 ，然后输入基点的坐标，输入自基点的偏移距离作为相对坐标（图1-22）。

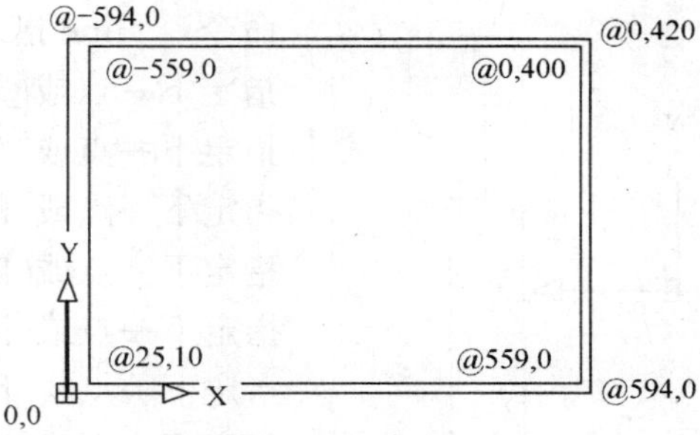

图 1-22 用相对坐标绘制二号图纸

命令：_ line 指定第一点：0，0

指定下一点或 ［放弃（U）］：@594，0

指定下一点或 ［放弃（U）］：@0，420

指定下一点或 ［闭合（C）/放弃（U）］：@-594，0

指定下一点或 ［闭合（C）/放弃（U）］：c

命令：_ line 指定第一点：_ from 基点：(点击原点)〈偏移〉：@25，10

指定下一点或 ［放弃（U）］：@559，0

指定下一点或 ［放弃（U）］：@0，400

指定下一点或 ［闭合（C）/放弃（U）］：@-559，0

指定下一点或 ［闭合（C）/放弃（U）］：c

（3）用相对极坐标绘制二号图纸（图1-23）。

命令：_ line 指定第一点：0，0

指定下一点或 ［放弃（U）］：@594＜0

指定下一点或 ［放弃（U）］：@420＜90

指定下一点或 ［闭合（C）/放弃（U）］：@594＜180

指定下一点或 ［闭合（C）/放弃（U）］：c

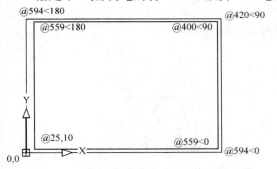

图 1-23 用相对极坐标绘制二号图纸

命令：_ line 指定第一点：_ from 基点：(点击原点)〈偏移〉：@25，10

指定下一点或[放弃(U)]：@559＜0

指定下一点或[放弃(U)]：@400＜90

指定下一点或[放弃(U)]：@559＜180

指定下一点或[闭合(C)/放弃(U)]：c

（4）用相对极坐标绘制标题栏（图1-24）。

命令：_ line 指定第一点：_ from 基点：(点击A点)〈对象捕捉　开〉〈偏移〉：@300＜180；（B点）

指定下一点或 ［放弃（U）］：@100＜90；（C点）

指定下一点或 ［放弃（U）］：@300＜0；（D点）

（5）用相对极坐标绘制立柱（图1-25）。

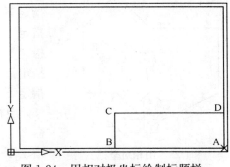

图 1-24 用相对极坐标绘制标题栏

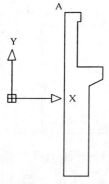

图1-25 用相对极
坐标绘制立柱

命令：_line指定第一点：点击A点
指定下一点或[放弃(U)]：@50<0
指定下一点或[放弃(U)]：@30<270
指定下一点或[闭合(C)/放弃(U)]：@10<180
指定下一点或[闭合(C)/放弃(U)]：@150<270
指定下一点或[闭合(C)/放弃(U)]：@80<0
指定下一点或[闭合(C)/放弃(U)]：@40<270
指定下一点或[闭合(C)/放弃(U)]：@50<210
指定下一点或[闭合(C)/放弃(U)]：@300<270
用对象跟踪找到A点闭合。

(6) 用相对极坐标画正六边形（图1-26）。

Line指定第一点：0，0
指定下一点或[放弃(U)]：@200，0
指定下一点或[放弃(U)]：@200<60
指定下一点或[闭合(C)/放弃(U)]：@200<120
指定下一点或[闭合(C)/放弃(U)]：@200<180
指定下一点或[闭合(C)/放弃(U)]：@200<240
指定下一点或[闭合(C)/放弃(U)]：c

(7) 用相对极坐标画五角星（图1-27）
注意：在工具菜单中定义极角，在状态栏打开极轴开关。

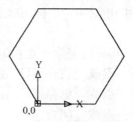
图1-26 用相对极坐标画正六边形

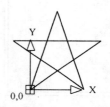
图1-27 用相对极坐标画五角星

单击工具，单击草图设置，选中极轴跟踪，输入增量角36°（五角星顶角），单击确定。

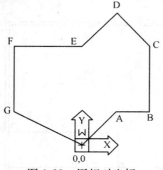

图1-28 用相对坐标
绘制平面图形

Line指定第一点：0，0
指定下一点或[放弃(U)]：@200<36
指定下一点或[放弃(U)]：@200<180
指定下一点或[闭合(C)/放弃(U)]：@200<324
指定下一点或[闭合(C)/放弃(U)]：@200<108
指定下一点或[闭合(C)/放弃(U)]：@200<252

(8) 用相对坐标绘制平面图形（图1-28）。
命令：_line指定第一点：0，0
指定下一点或[放弃(U)]：@100，100（A点）
指定下一点或[放弃(U)]：@100，0（B点）

指定下一点或[闭合(C)/放弃(U)]：@0，200（C点）
指定下一点或[闭合(C)/放弃(U)]：@-100，100（D点）
指定下一点或[闭合(C)/放弃(U)]：@-100，-100（E点）
指定下一点或[闭合(C)/放弃(U)]：@-200，0（F点）
指定下一点或[闭合(C)/放弃(U)]：@0，-200（G点）
指定下一点或[闭合(C)/放弃(U)]：c

1.3.2 动态输入

动态输入是 AutoCAD2008 新增的功能，命令操作时在光标附近提供了各类命令界面，该类信息会随着光标移动而动态更新，以帮助用户专注于绘图区域。单击状态栏上的"DYN"来打开和关闭动态输入，如果你不习惯动态输入可按 F12 键临时将其关闭。动态输入有三个组件：指针输入、标注输入和动态提示（图1-29）。

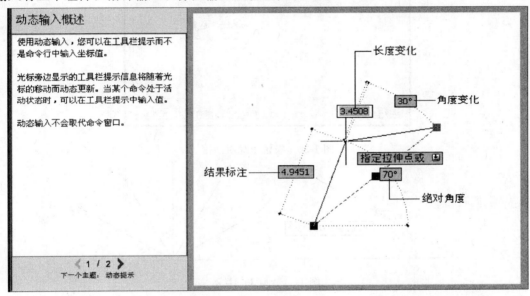

图 1-29 动态输入

（1）指针输入

当启用指针输入且在命令执行时，将在光标附近的工具栏（矩形方框）中显示坐标，同时可以在工具栏（矩形方框）中输入坐标值，而不用在命令行中输入。第二个点和后续点的默认设置为相对极坐标而不需要输入"@"符号。如果需要使用绝对坐标，要使用"#"前缀，例如，要将对象移到原点，在提示输入第二个点时应该输入#0,0。

（2）标注输入

启用标注输入时，当命令提示输入第二点，工具栏（矩形方框）提示将随着光标的移动动态地显示距离和角度值。

（3）动态提示

启用动态提示时，提示会显示在光标附近的工具栏（矩形方框）中，用户可以在矩形方框提示中输入响应。

1.4 画 30°射线

单击工具，单击草图设置，选中极轴跟踪，输入增量角 30°（图 1-30），单击确定。当黄色框内显示增量角时，点击左键（图 1-31）。

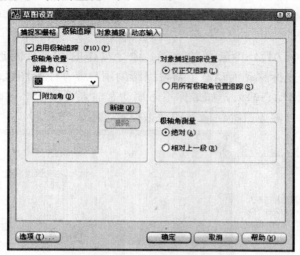

图 1-30 极轴跟踪对话框

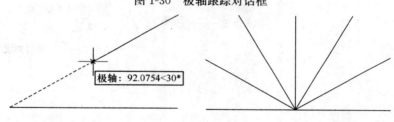

图 1-31 画 30°射线

命令：_ray 指定起点：
指定通过点：

1.5 对象追踪画矩形

要找 2 点的 Y 坐标，可追踪 1 点 Y 坐标。打开对象追踪，鼠标指向 1 点，拖动鼠标，待虚线出现时，点击鼠标左键，即可确定 2 点。再点击 1 点闭合（图 1-32）。

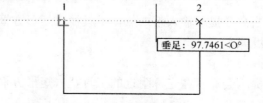

图 1-32 对象追踪画矩形

1.6 用简便输入法绘制立柱

绘制平行线或垂直线时，输入的相对坐标，可省略"@"与"<"符号(图1-33)。
命令：_line 指定第一点：〈正交 开〉
点击A点
指定下一点或[放弃(U)]：100
指定下一点或[放弃(U)]：70
指定下一点或[闭合(C)/放弃(U)]：10
指定下一点或[闭合(C)/放弃(U)]：30
指定下一点或[闭合(C)/放弃(U)]：150
指定下一点或[闭合(C)/放弃(U)]：80
指定下一点或[闭合(C)/放弃(U)]：100
指定下一点或[闭合(C)/放弃(U)]：〈正交 关〉@50<330
指定下一点或[闭合(C)/放弃(U)]：〈正交 开〉〈对象捕捉 开〉〈对象捕捉追踪 开〉
用对象跟踪找到A点闭合。

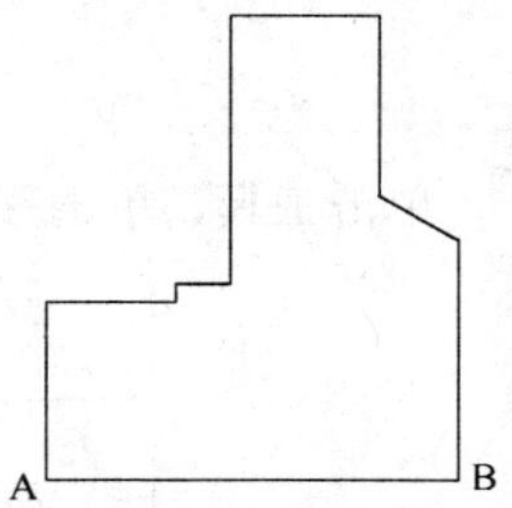

图1-33 用简便输入法绘制立柱

1.7 画 七 巧 板

用相对极坐标及FROM命令（图1-34）。
命令：_line 指定第一点：(A点)
指定下一点或[放弃(U)]：〈正交 开〉40（B点）

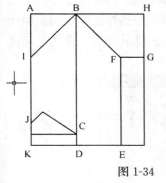

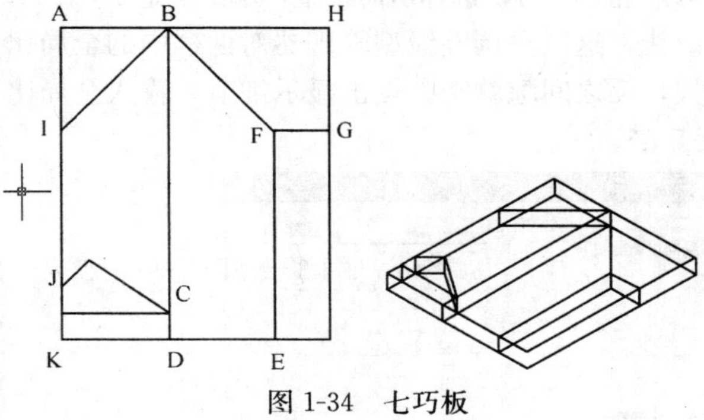

图1-34 七巧板

指定下一点或[放弃(U)]：110（C点）
指定下一点或[闭合(C)/放弃(U)]：10（D点）
指定下一点或[闭合(C)/放弃(U)]：40（E点）
指定下一点或[闭合(C)/放弃(U)]：80（F点）
指定下一点或[闭合(C)/放弃(U)]：20（G点）
指定下一点或[闭合(C)/放弃(U)]：40（H点）
指定下一点或[放弃(U)]：80（B点）
指定下一点或[放弃(U)]：40（A点）
指定下一点或[放弃(U)]：40（I点）
指定下一点或[放弃(U)]：60（J点）
指定下一点或[闭合(C)/放弃(U)]：20（K点）

命令：_line 指定第一点：
指定下一点或[放弃(U)]：@15＜45
命令：_line 指定第一点：同理继续指定下一点，最后封闭图形。

1.8 移动坐标指定新原点

单击工具，单击移动坐标，指定新原点（图1-35）。

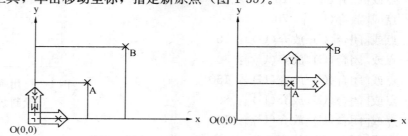

图1-35 移动坐标指定新原点

命令：_ucs
当前UCS名称：*世界*
[新建（N）/移动（M）/正交（G）/上一个（P）/恢复（R）/保存（S）/删除（D）/应用（A）/？/世界（W）]〈世界〉：_move
指定新原点或[Z向深度（Z）]〈0，0，0〉：

1.9 线 型 设 置

单击格式，单击线型（图1-36），单击加载（图1-37），选择所需线型，单击确定。
注意：绘制所选择线型时，未能显示虚线，这时可调整线型管理器对话框中的全局比例因子。比例因子调大，虚线间的间隙就大，反之间隙就密。点击显示细节，输入全局比例因子5（见图1-38），虚线间的间隙扩大5倍。

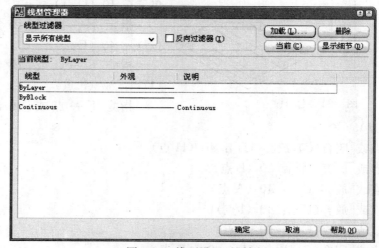

图1-36 线型设置对话框

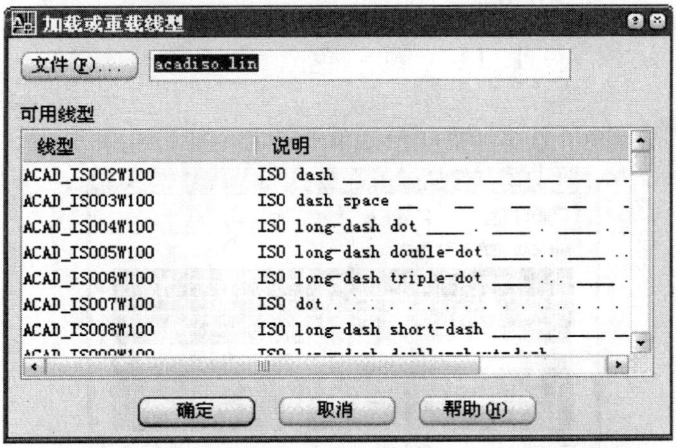

图 1-37　线型库对话框

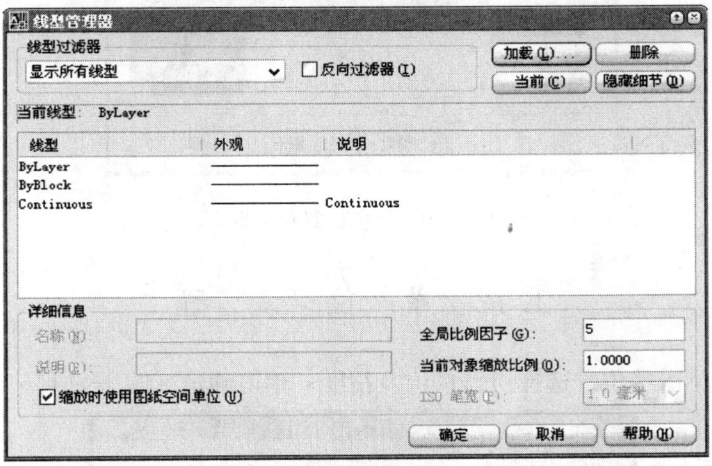

图 1-38　调整线型全局比例因子

1.10　线　宽　设　置

单击格式，单击线宽。选择所需线宽，单击确定（图 1-39）。

图 1-39　线宽设置对话框

1.11 颜 色 设 置

单击格式，单击颜色。选择所需颜色，单击确定（图1-40）。

图1-40　颜色设置对话框

1.12 单 位 设 置

单击格式，单击单位。选择所需单位及精度，单击确定（图1-41）。

图1-41　单位设置对话框

1.13 视图缩放

单击视图，单击缩放。选择所需缩放命令（图1-42）。

图1-42 视图缩放菜单

1.14 鸟瞰视图

单击视图，单击鸟瞰视图。用靶框选择所需缩放图形，单击左键定位，再单击右键确认（图1-43）。

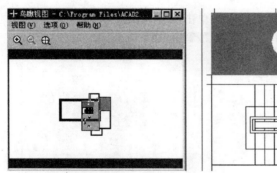

图1-43 鸟瞰视图对话框

1.15 查询属性

单击工具，单击查询。选择所需查询内容（图1-44）。

(1) 查询时间
(2) 查询面积
(3) 查询面域/质量特性
(4) 查询点坐标
(5) 查询状态

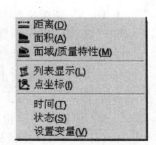

图1-44 查询属性菜单

1.16 文件操作

1.16.1 打开文件
单击文件,单击打开。选择所需文件,单击打开(图1-45)。

图1-45 选择文件对话框

1.16.2 保存文件
单击文件,单击保存。输入文件名,单击保存(图1-46)。

图1-46 保存文件对话框

1.16.3 新建文件
单击文件,单击新建(图1-47)。

1.16.4 转换文件类型
单击文件,单击输出。在文件类型处选择所需文件类型,单击保存(图1-48)。

例如在CAD环境下建立好模型,需在3DMAX下渲染,那么只需选择*.3ds,单击保存(图1-49),即可得到3DMAX下可使用的文件。

1.16.5 CAD文件与WORD文件互相传递
先在CAD中画好图形,单击键盘上的Print Screen键,打开Windows程序中的绘图

图 1-47　选择样板文件对话框

图 1-48　转换文件类型对话框

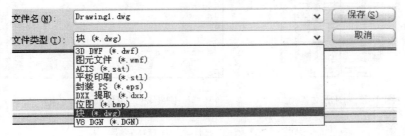

图 1-49　输出文件类型

程序，单击编辑，单击粘贴，单击选定图标，框选所需图形，单击右键，单击复制。打开 Word，在需要插入图形的地方单击右键，单击粘贴，这样 CAD 图形就传递到 Word 中。

1.16.6　用工具栏上的剪贴板复制所画图形

单击工具栏上的剪贴板图标，框选所画图形，打开 Word，在需要插入图形的地方单击右键，单击粘贴，这样剪贴板中的 CAD 图形就传递到 Word 中。

反之，打开 Word，选中所画图形，单击右键，单击复制，打开 CAD，单击工具栏上的粘贴图，这样 Word 中的图形就传递到 CAD 中。

17

1.16.7 图形的核查或修复

单击文件，单击图形实用程序。选择核查或修复（图 1-50），即可查出绘图错误的地方（图 1-51），便于修改。

图 1-50　核查菜单　　　　　　　　　图 1-51　绘图错误列表

1.17　图　形　属　性

选择图形文件（图 1-52），单击文件，单击图形特性（图 1-53）。

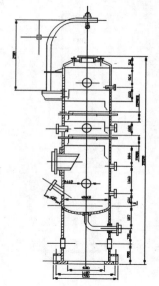
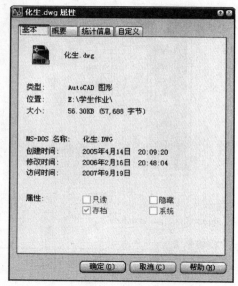

图 1-52　图形文件　　　　　　图 1-53　图形属性对话框

1.18　用格式刷修改图形属性

把三角形的红色虚线属性用格式刷传递给矩形，单击工具栏上的格式刷图标 ✏，选中三角形，单击矩形，矩形变为红色虚线（图 1-54）。

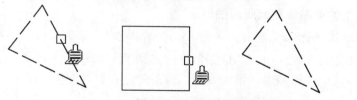

图 1-54　用格式刷修改图形属性

1.19 用时实平移图标移动图形

单击工具栏上的 图标,在绘图区拖动光标,绘图区图形跟随光标移动。

1.20 用时实缩放图标缩放图形

单击工具栏上的 图标,在绘图区拖动光标,绘图区图形跟随光标向"＋"号方向放大,绘图区图形跟随光标向"－"号方向缩小。

1.21 用窗口缩放图标缩放图形

单击工具栏上的 图标,指定第一个角点,指定对角点,单击右键后,窗口中的图形将缩放。

命令:'_zoom
指定窗口角点,输入比例因子（nX 或 nXP）,或
[全部（A）/中心点（C）/动态（D）/范围（E）/上一个（P）/比例（S）/窗口（W）]〈实时〉:_W
指定第一个角点:指定对角点
注意:时实缩放与窗口缩放不改变尺寸的线性缩放比例,只不过是观察实体的视点不同而已。

1.22 点 过 滤 器

某点的坐标可从当前对象的坐标值中提取（图 1-55）。
现要画一个圆,利用 A 点的 X 坐标值与 B 点的 Y 坐标值可找到圆心 C 的坐标。点击 ,输入 .X,点击右键,点击 A 点,点击 B 点,移动光标,待虚线出现时,点击左键即可自动找到 C 点。

命令:_dtext
当前文字样式:Standard 当前文字高度:16.0000
指定文字的起点或 [对正（J）/样式（S）]:
指定高度〈16.0000〉:5

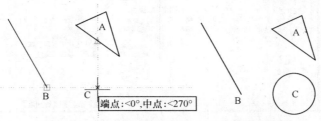

图 1-55 从当前对象的坐标值中提取所需坐标

指定文字的旋转角度〈0〉：
输入文字：B
输入文字：A
输入文字：C
命令：_circle 指定圆的圆心或 [三点（3P）/两点（2P）/相切、相切、半径（T）]：
.x（点击A点）
于（需要YZ）：（点击B点）
指定圆的半径或 [直径（D)]：10

1.23 帮　　助

点击帮助图标 可获得想要的帮助（图1-56）。

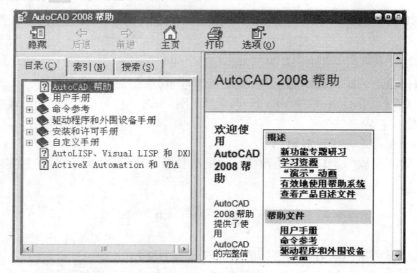

图1-56　帮助对话框

点击左边对话框中需帮助的图标，右边对话框显示该项的解释信息（图1-57）。

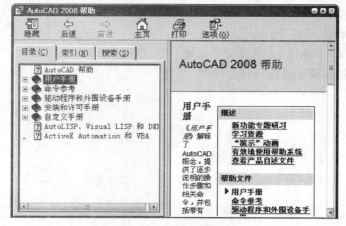

图1-57　帮助解释信息

1.24　图标回到左下角

点击视图，点击显示，点击 UCS 图标，点击原点后，图标回到左下角（图 1-58）。

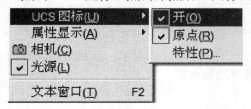

图 1-58　图标复位菜单

1.25　定义图标的属性

点击视图，点击显示，点击 UCS 图标，点击特性后，可定义图标的属性（图 1-59）。

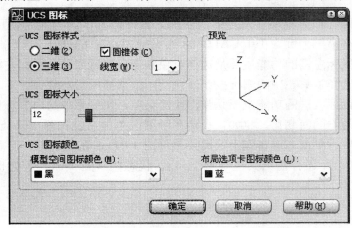

图 1-59　定义 UCS 图标的属性对话框

1.26　命令的嵌套执行

有一部分命令可以在使用其他命令的过程中嵌套执行，这种执行命令的方式称为"透明"地执行。可以透明执行的命令被称为透明命令，通常是一些可以改变图形设置或绘图工具的命令，如 GRID、SNAP 和 ZOOM 等命令。在使用其他命令时，如果要调用透明命令，可以在命令行中输入该透明命令，并在它之前加一个单引号（'）即可。执行完透明命令后，自动恢复原来执行的命令。

1.27　命令行形式

利用对话框的形式来完成的命令一般都具有另一种与其相对应的命令行形式。

通常某个命令的命令行形式是在该命令前加上连字符"－"，例如"layer"命令的命令行形式为"－layer"。一般来说，命令的对话框形式与提示行形式具有相同的功能。

1.28 重复执行上一次命令

按回车键或空格键相当于重复执行上一次命令。

如果需要多次执行同一个命令，那么在第一次执行该命令后，可以直接按回车键或空格键重复执行，而无需再进行输入。

1.29 自动执行"Help"命令

按回车键或空格键，系统将自动执行"Help"命令。

1.30 利用鼠标侧键和滚轮

充分利用其侧键和滚轮来实现更多的功能，鼠标最基本的功能是使用其左、右两个键，有些鼠标还有第三个键，AutoCAD2008还支持3D、4D鼠标。

鼠标左键：鼠标左键的功能主要是选择对象和定位，比如单击鼠标左键可以选择菜单栏中的菜单项，选择工具栏中的图标按钮，在绘图区选择图形对象等。

鼠标右键：鼠标右键的功能主要是弹出快捷菜单，快捷菜单的内容将根据光标所处的位置和系统状态的不同而变化。比如，直接在绘图区单击右键将弹出快捷菜单（图1-60）；选中某一图形对象后单击右键将弹出快捷菜单（图1-61）；在文本窗口区单击右键将弹出快捷菜单（图1-62）；还有在工具栏（图1-63）、状态栏（图1-64）等处也将产生不同的快捷菜单。

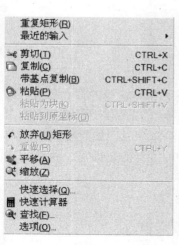

图1-60 在绘图区单击右键

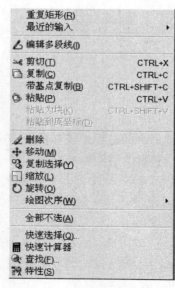

图1-61 选中图形单击右键　　图1-62 选中文本窗口区单击右键

图1-63 选中工具栏单击右键 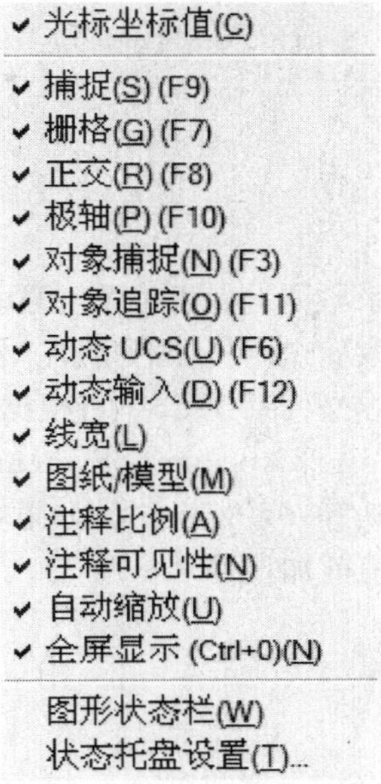　　　　　图1-64 选中状态栏中间单击右键

单击鼠标右键等于回车键，即用户在命令行输入命令后可按鼠标右键确定。

选中对象，双击鼠标左键，弹出对象特性窗口。例如，在文字对象上双击则弹出文字编辑对话框，在图案填充对象上双击将弹出图案填充编辑对话框等。

图1-65 选中状态栏左边单击右键

在状态栏左边单击右键弹出快捷菜单（图1-65）。

1.31 坐标值的三种显示状态

状态栏中的坐标值有三种显示状态（图1-66）：
（1）绝对坐标状态：显示光标所在位置的坐标。
（2）相对极坐标状态：第二点相对于前一点的坐标。
（3）关闭状态：颜色变为灰色，并"冻结"关闭时所显示的坐标值。
用户可根据需要在这三种状态之间进行切换，方法也有三种：
（1）连续按 F6 键可在这三种状态之间相互切换。
（2）在状态栏中显示坐标值的区域，双击也可以进行切换。
（3）在状态栏中显示坐标值的区域，单击右键可弹出快捷菜单（图1-67），可在菜单中选择所需状态。

23

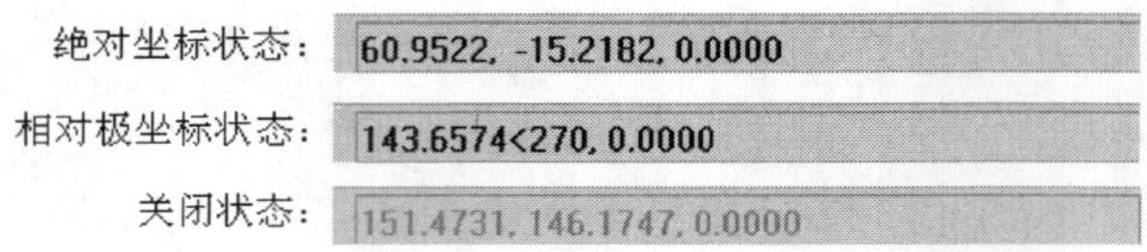

图 1-66　坐标值的显示

图 1-67　坐标显示快捷菜单

1.32　WCS 和 UCS

绝对坐标系，即世界坐标系（WCS），开机时，AutoCAD 自动默认 WCS，WCS 不可更改，但可以改变视点从任意角度、任意方向来观察或旋转实体。

相对于世界坐标系 WCS，可根据需要创建无限多的坐标系，这些坐标系称为用户坐标系（UCS，User Coordinate System）。用户使用"UCS"命令来对 UCS 进行定义、保存、恢复和移动等一系列操作。如果在用户坐标系 UCS 下想要参照世界坐标系 WCS 指定点，在坐标值前加星号"＊"。

1.33　构　造　选　择　集

AutoCAD 必须先选中对象，才能对它进行处理，这些被选中的对象被称为选择集。在许多命令执行过程中都会出现"Select Object（s）（选择对象）"的提示。在该提示下，选择靶框的小框将代替图形光标上的十字线，此时，用户可以使用多种选择模式来构建选择集。

命令：select

选择对象：?

窗口（W）/上一个（L）/窗交（C）/框（BOX）/全部（ALL）/栏选（F）/圈围（WP）/圈交（CP）/编组（G）/（CL）/添加（A）/删除（R）/多个（M）/上一个（P）/放弃（U）/自动（AU）/单个（SI）

"Windows(窗口)"模式：在该模式下，用户可使用光标在屏幕上指定两个点来定义一个矩形窗口。如果某些可见对象完全包含在该窗口之中，则这些对象将被选中。

"Last(上一个)"：选择最近一次创建的可见对象。

"Crossing(窗交)"：与"Window"模式类似，该模式同样需要用户在屏幕上指定两个点来定义一个矩形窗口。不同之处在于，该矩形窗口显示为虚线的形式，而且在该窗口之中所有可见对象均将被选中，而无论其是否完全位于该窗口中。

"BOX(窗选)"："Window"模式和"Crossing"模式的组合，如果用户在屏幕上以从左向右的顺序来定义矩形的角点，则为"Window"模式；反之，则为"Crossing"模式。

"ALL(全部)"：选择非冻结的图层上的所有对象。

"Fence(栏选)"：在该模式下，用户可指定一系列的点来定义一条任意的折线作为选择栏，并以虚线的形式显示在屏幕上，所有与其相交的对象均被选中。

"WPolygon(圈围)"：在该模式下，用户可指定一系列的点来定义一个任意形状的多边形，如果某些可见对象完全包含在该多边形之中，则这些对象将被选中。注意，该多边形不能与自身相交或相切。

"CPlolygon(圈交)"：与"Window"模式类似，但多边形显示为虚线，而且在该多边形之中，所有可见对象均将被选中，而无论其是否完全位于该多边形中。

"Group(编组)"：选择指定组中的全部对象。

"Add(添加)"：通过任意对象选择方法将选定的对象添加到选择集中。该模式为缺省模式。

"Remove(删除)"：使用任何对象选择方式将对象从当前选择集中删除。

"Multi(多选)"：指定多次选择而不高亮显示对象，从而加快对复杂对象的选择过程。

"Previous(前一个)"：选择最近创建的选择集。如果图形中删除对象后将清除该选择集。

"Undo(放弃)"：放弃选择最近加到选择集中的对象。

"AUto(自动)"：直接选择某个对象，或使用"BOX"模式进行选择。该模式为缺省模式。

"SIngle(单选)"：可选择指定的一个或一组对象，而不是连续提示进行更多的选择。

1.34 回到命令状态

使用"Esc"键来取消当前操作，回到命令状态。用向上或向下的箭头使命令行显示上一个命令或下一个命令。

1.35 学习CAD2008新功能

使用"帮助"菜单学习CAD2008新功能(图1-68)。

图1-68　CAD2008新功能

1.36 创建和编辑面板

面板自定义可帮助用户将经常使用的命令放置在面板上，就像工具栏一样。面板使用户可以快速地访问命令，减少在 AutoCAD 界面中显示元素的数量。

面板分为两个不同的部分，上部和下部。〈面板分隔符〉用于控制面板的行如何在两部分中显示。默认情况下，面板显示在"面板"选项板上时将显示上部的行；仅当单击向下的双箭头以展开面板时才显示下部的行。可以创建和修改面板，以按用户的工作方式调整用户界面。

1.37 面板的组织与操作

依次单击工具，单击选项板，单击面板，或在命令提示下，输入 dashboard。

(1) 面板是一种特殊的选项板（图 1-69）。面板使用户无需显示多个工具栏，从而使得应用程序窗口更加整洁。因此，将可进行操作的区域最大化，使用单个界面来加快和简化工作。默认情况下，当使用二维草图与注释工作空间或三维建模工作空间时，面板将自动打开。另外，还可以手动打开面板。

(2) 面板的组织与操作

显示在面板左侧的大图标称为控制面板图标。每个控制面板图标均标识了该控制面板的作用。在有些控制面板上，如果单击该图标，将打开包含其他工具和控件的滑出面板。当单击其他控制面板图标时，已打开的滑出面板将自动关闭。每次仅显示一个滑出面板。

每个控制面板均可以与一个工具选项板组关联。要显示关联的工具选项板组，请单击工具或打开滑出面板（图 1-70）。

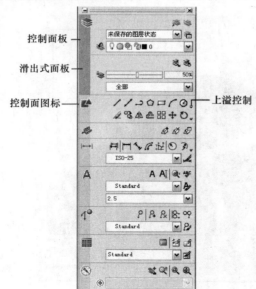

图 1-69　面板的组织与操作

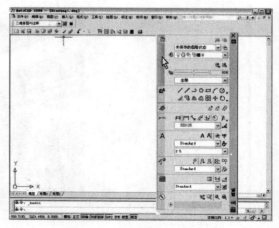

图 1-70　打开的滑出面板

1.38 上 机 实 验

实验1 熟悉和了解 AutoCAD2008 的用户界面

1. 目的要求

练习增强对 AutoCAD2008 的用户界面的了解(表 1-1)。

AutoCAD2008 快捷键 　　　　　　　　　　　　　　　　表 1-1

【Ctrl】+N：	新建图形文件	【F1】：	帮助
【Ctrl】+O：	打开图形文；	【F2】：	文本/图形窗口切换
【Ctrl】+S：	保存图形文件	【F3】：	打开或关闭 OSNAP 设置对话框
【Ctrl】+P：	打印图形文件	【F4】：	数值化仪开关
【Ctrl】+Z：	回退一步	【F5】：	在轴测图模式中循环
【Ctrl】+Y：	向前一步	【F6】：	在坐标显示模式中循环
【Ctrl】+X：	删除至剪贴板	【F7】：	打开或关闭网格显示
【Ctrl】+C：	拷贝至剪贴板	【F8】：	打开或关闭正交模式
【Ctrl】+V：	从剪贴板粘贴	【F9】：	打开或关闭捕捉模式
【Delete】键：	删除	【F10】：	打开或关闭极轴模式

2. 操作指导

运用菜单栏、工具栏、状态栏、快捷菜单、鼠标、键盘等各种绘图方式,注意各种绘图方式的结合和各种线型、线宽的选定。

实验2 状态栏的运用

显示坐标和快速绘图工具按钮,在状态栏上的空白区域单击右键,然后单击按钮名称,可以控制快速绘图工具是否在状态栏上显示。

1. 目的要求

通过练习,重点掌握特殊点的捕捉方法。

2. 操作指导

点击"工具",点击"草图设置",点击"对象捕捉",选中捕捉摸式,练习捕捉特殊点的方法。

实验3 图形文件管理的运用

1. 目的要求

通过练习,掌握对 AutoCAD2008 的图形文件管理。

2. 操作指导

作一图形,使用文件命名后保存到计算机硬盘(或其他)存储设备中,并为该图形文件设置密码，然后试着取消密码。

实验 4　CAD 文件与 Word 文件互相传递

1. 目的要求

CAD 文件与 WORD 文件互相传递。

2. 操作指导

先在 CAD 中画好图形，单击键盘上的 Print screen 键，打开 Windows 程序中的绘图程序，单击编辑，单击粘贴，单击选定图标，框选所需图形，单击右键，单击复制。打开 Word，单击右键，单击粘贴，这样 CAD 图形就传递到 Word 中。

实验 5　用三种坐标输入方法绘制二号图纸

1. 目的要求

熟悉三种坐标输入方法

2. 操作指导

用画线命令在命令提示区分别输入三种坐标方法绘制二号图纸，二号图纸的图幅是 594×420。

思　考　题

1. AutoCAD 的用户界面包括哪几个部分？
2. 保存图形文件的一般操作步骤是怎样的？
3. 简述各功能键的作用。
4. 分别用三种坐标输入方法绘制一号图纸。
5. 把绘制的一号图纸图形及绘制的过程传递到 Word 文件中。
6. 单击什么命令可以打开和关闭动态输入？动态输入有哪三个组件？

2 二维绘图基本命令

教学要求：AutoCAD 二维绘图命令是一个交互式绘图软件，是用于二维设计、绘图的系统工具，用户可以使用它来创建、打印、输出、共享设计图形。本章让学生了解 CAD 二维绘图的特点、功能，了解多段线绘制图形，构造线绘制轴线，样条曲线绘制图形，图案填充，定数等分，定距等分。本章重点是：多段线绘制图形的方法，多线绘制图形的方法。

2.1 二维绘图工具条

Auto CAD2008 中二维绘图工具条如图 2-1 所示。

图 2-1 二维绘图工具条

2.1.1 用 ∠ 构造线绘制水平及垂直结构线

XLINE 创建无限长的线。创建构造线的默认方法是两点法，指定两点以定义方向(图 2-2)。

命令：_xline 指定点或[水平(H)/垂直(V)/角度(A)/二等分(B)/偏移(O)]：H(绘制水平结构线)。

指定通过点：0，0

指定通过点：100，100

指定通过点：200，200

指定通过点：250，250

指定通过点：360，360

命令：_xline 指定点或[水平(H)/垂直(V)/角度(A)/二等分(B)/偏移(O)]：v(绘制垂直结构线)。

2.1.2 绘制 45°构造线(图 2-3)

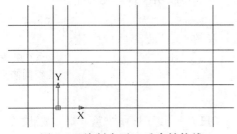 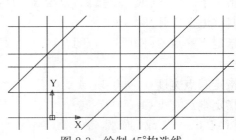

图 2-2 绘制水平，垂直结构线　　　图 2-3 绘制 45°构造线

命令：_xline 指定点或[水平(H)/垂直(V)/角度(A)/二等分(B)/偏移(O)]：a(绘制45°结构线)。

输入构造线角度(0)或[参照(R)]：45

2.1.3 用 ⇀ 多段线绘制墙线

多段线是相互连接的多个线段，它是一个对象。多段线可以由直线段、弧线段合并而成多线段(图2-4)。

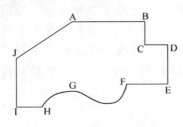

图2-4 多段线绘制墙线

命令：_pline

指定起点：(A点)

当前线宽为0.0000

指定下一个点或[圆弧(A)/半宽(H)/长度(L)/放弃(U)/宽度(W)]：〈正交 开〉50(B点)

指定下一点或[圆弧(A)/闭合(C)/半宽(H)/长度(L)/放弃(U)/宽度(W)]：20(C点)

指定下一点或[圆弧(A)/闭合(C)/半宽(H)/长度(L)/放弃(U)/宽度(W)]：20(D点)

指定下一点或[圆弧(A)/闭合(C)/半宽(H)/长度(L)/放弃(U)/宽度(W)]：30(E点)

指定下一点或[圆弧(A)/闭合(C)/半宽(H)/长度(L)/放弃(U)/宽度(W)]：40(F点)

指定下一点或[圆弧(A)/闭合(C)/半宽(H)/长度(L)/放弃(U)/宽度(W)]：a

指定圆弧的端点或

指定圆弧的端点或(G点)

指定圆弧的端点或(H点)

[角度(A)/圆心(CE)/闭合(CL)/方向(D)/半宽(H)/直线(L)/半径(R)/第二个点(S)/放弃(U)/宽度(W)]：l

指定下一点或[圆弧(A)/闭合(C)/半宽(H)/长度(L)/放弃(U)/宽度(W)]：〈正交 开〉20，(I点)

指定下一点或[圆弧(A)/闭合(C)/半宽(H)/长度(L)/放弃(U)/宽度(W)]：50(J点)

指定下一点或[圆弧(A)/闭合(C)/半宽(H)/长度(L)/放弃(U)/宽度(W)]：c

2.1.4 用多段线绘制箭头(图2-5)

命令：_pline

指定起点：(A点)

当前线宽为0.0000

指定下一个点或[圆弧(A)/半宽(H)/长度(L)/放弃(U)/宽度(W)]：〈正交 开〉30

指定下一点或[圆弧(A)/闭合(C)/半宽(H)/长度(L)/放弃(U)/宽度(W)]：w

指定起点宽度〈0.0000〉：4

指定端点宽度〈4.0000〉：0

指定下一点或[圆弧(A)/闭合(C)/半宽(H)/长度(L)/放弃(U)/宽度(W)]：

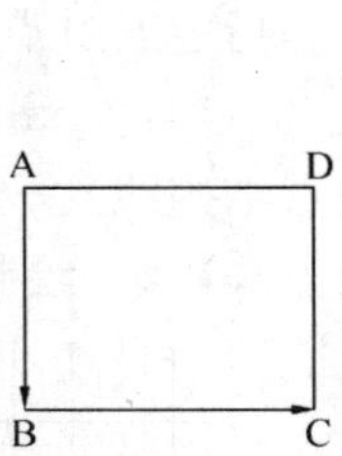

图2-5 用多段线绘制箭头

10(B点)

指定下一点或[圆弧(A)/闭合(C)/半宽(H)/长度(L)/放弃(U)/宽度(W)]：w

指定起点宽度<0.0000>：

指定端点宽度<0.0000>：

指定下一点或[圆弧(A)/闭合(C)/半宽(H)/长度(L)/放弃(U)/宽度(W)]：40

指定下一点或[圆弧(A)/闭合(C)/半宽(H)/长度(L)/放弃(U)/宽度(W)]：w

指定起点宽度<0.0000>：4

指定端点宽度<4.0000>：0

指定下一点或[圆弧(A)/闭合(C)/半宽(H)/长度(L)/放弃(U)/宽度(W)]：10(C点)

指定下一点或[圆弧(A)/闭合(C)/半宽(H)/长度(L)/放弃(U)/宽度(W)]：w

指定起点宽度<0.0000>：

指定端点宽度<0.0000>：

指定下一点或[圆弧(A)/闭合(C)/半宽(H)/长度(L)/放弃(U)/宽度(W)]：30(D点)

指定下一点或[圆弧(A)/闭合(C)/半宽(H)/长度(L)/放弃(U)/宽度(W)]：c

2.1.5 用多段线绘制钢筋(图2-6)

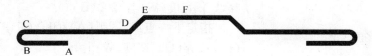

图2-6 多段线绘制钢筋

命令：_pline

指定起点：(A点)

当前线宽为0.0000

指定下一个点或[圆弧(A)/半宽(H)/长度(L)/放弃(U)/宽度(W)]：w

指定起点宽度<0.0000>：20

指定端点宽度<20.0000>：20

指定下一个点或[圆弧(A)/半宽(H)/长度(L)/放弃(U)/宽度(W)]：〈正交 开〉200(B点)

指定下一点或[圆弧(A)/闭合(C)/半宽(H)/长度(L)/放弃(U)/宽度(W)]：a

指定圆弧的端点或

[角度(A)/圆心(CE)/闭合(CL)/方向(D)/半宽(H)/直线(L)/半径(R)/第二个点(S)/放弃(U)/宽度(W)]：50(C点)

指定圆弧的端点或

[角度(A)/圆心(CE)/闭合(CL)/方向(D)/半宽(H)/直线(L)/半径(R)/第二个点(S)/放弃(U)/宽度(W)]：l

指定下一点或[圆弧(A)/闭合(C)/半宽(H)/长度(L)/放弃(U)/宽度(W)]：500(D点)

指定下一点或[圆弧(A)/闭合(C)/半宽(H)/长度(L)/放弃(U)/宽度(W)]：〈正交 关〉@100<45(E点)

指定下一点或[圆弧(A)/闭合(C)/半宽(H)/长度(L)/放弃(U)/宽度(W)]：〈正交

开〉200(F 点)

指定下一点或[圆弧(A)/闭合(C)/半宽(H)/长度(L)/放弃(U)/宽度(W)]:

命令:_ mirror

选择对象:指定对角点:找到 1 个

指定镜像线的第一点:

指定镜像线的第二点:

是否删除源对象?[是(Y)/否(N)]〈N〉:

2.1.6 用多段线绘制圆弧墙(图 2-7)

注意:画圆弧时,输入"ce",选择 PLINE 命令的"圆心"选项,输入"cen"或"center",选择"圆心"对象捕捉。

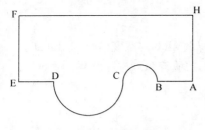

图 2-7 多段线绘制圆弧墙

AutoCAD 菜单实用程序已加载。

命令:_ pline

指定起点:(A 点)

当前线宽为 0.0000

指定下一个点或[圆弧(A)/半宽(H)/长度(L)/放弃(U)/宽度(W)]:200(B 点)

指定下一点或[圆弧(A)/闭合(C)/半宽(H)/长度(L)/放弃(U)/宽度(W)]:a

指定圆弧的端点或

[角度(A)/圆心(CE)/闭合(CL)/方向(D)/半宽(H)/直线(L)/半径(R)/第二个点(S)/放弃(U)/宽度(W)]:ce

指定圆弧的圆心:@100<180

指定圆弧的端点或[角度(A)/长度(L)]:

指定圆弧的端点或(C 点)

[角度(A)/圆心(CE)/闭合(CL)/方向(D)/半宽(H)/直线(L)/半径(R)/第二个点(S)/放弃(U)/宽度(W)]:400(D 点)

指定圆弧的端点或

[角度(A)/圆心(CE)/闭合(CL)/方向(D)/半宽(H)/直线(L)/半径(R)/第二个点(S)/放弃(U)/宽度(W)]:l

指定下一点或[圆弧(A)/闭合(C)/半宽(H)/长度(L)/放弃(U)/宽度(W)]:200(E 点)

指定下一点捕捉追踪或[圆弧(A)/闭合(C)/半宽(H)/长度(L)/放弃(U)/宽度(W)]:400(F 点)

指定下一点或[圆弧(A)/闭合(C)/半宽(H)/长度(L)/放弃(U)/宽度(W)]:〈对象捕捉追踪〉(捕捉追踪 A 点)

指定下一点或[圆弧(A)/闭合(C)/半宽(H)/长度(L)/放弃(U)/宽度(W)]:〈对象捕捉开〉(H 点)

2.1.7 用多段线绘制空心钢管(图 2-8)

用 FILL 的 OFF 命令。

命令：fill

输入模式[开(ON)/关(OFF)]〈开〉：off

命令：_pline

指定起点：(A 点)

当前线宽为 20.0000

指定下一个点或[圆弧(A)/半宽(H)/长度(L)/放弃(U)/宽度(W)]：500(B 点)

指定下一点或[圆弧(A)/闭合(C)/半宽(H)/长度(L)/放弃(U)/宽度(W)]：a

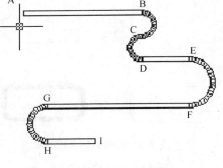

图 2-8　多段线绘制空心钢管

指定圆弧的端点或[角度(A)/圆心(CE)/闭合(CL)/方向(D)/半宽(H)/直线(L)/半径(R)/第二个点(S)/放弃(U)/宽度(W)]：100(C 点)

指定圆弧的端点或[角度(A)/圆心(CE)/闭合(CL)/方向(D)/半宽(H)/直线(L)/半径(R)/第二个点(S)/放弃(U)/宽度(W)]：100(D 点)

指定圆弧的端点或[角度(A)/圆心(CE)/闭合(CL)/方向(D)/半宽(H)/直线(L)/半径(R)/第二个点(S)/放弃(U)/宽度(W)]：l

指定下一点或[圆弧(A)/闭合(C)/半宽(H)/长度(L)/放弃(U)/宽度(W)]：200(E 点)

指定下一点或[圆弧(A)/闭合(C)/半宽(H)/长度(L)/放弃(U)/宽度(W)]：a

指定圆弧的端点或[角度(A)/圆心(CE)/闭合(CL)/方向(D)/半宽(H)/直线(L)/半径(R)/第二个点(S)/放弃(U)/宽度(W)]：200(F 点)

指定圆弧的端点或[角度(A)/圆心(CE)/闭合(CL)/方向(D)/半宽(H)/直线(L)/半径(R)/第二个点(S)/放弃(U)/宽度(W)]：l

指定下一点或[圆弧(A)/闭合(C)/半宽(H)/长度(L)/放弃(U)/宽度(W)]：600(G 点)

指定下一点或[圆弧(A)/闭合(C)/半宽(H)/长度(L)/放弃(U)/宽度(W)]：a

指定圆弧的端点或[角度(A)/圆心(CE)/闭合(CL)/方向(D)/半宽(H)/直线(L)/半径(R)/第二个点(S)/放弃(U)/宽度(W)]：150(H 点)

指定圆弧的端点或[角度(A)/圆心(CE)/闭合(CL)/方向(D)/半宽(H)/直线(L)/半径(R)/第二个点(S)/放弃(U)/宽度(W)]：l

指定下一点或[圆弧(A)/闭合(C)/半宽(H)/长度(L)/放弃(U)/宽度(W)]：200(I 点)

2.1.8　用 ▭ _rectang 命令绘制矩形多段线(图 2-9)

命令：_rectang

指定第一个角点或[倒角(C)/标高(E)/圆角(F)/厚度(T)/宽度(W)]：c

指定矩形的第一个倒角距离〈0.0000〉：12

指定矩形的第二个倒角距离〈12.0000〉：

指定第一个角点或[倒角(C)/标高(E)/圆角(F)/厚度(T)/宽度(W)]：

指定另一个角点或[尺寸(D)]：

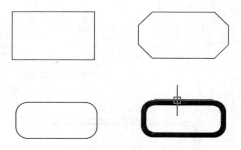

图 2-9 绘制矩形多段线

命令：_rectang
当前矩形模式：倒角＝12.0000×12.0000
指定第一个角点或[倒角(C)/标高(E)/圆角(F)/厚度(T)/宽度(W)]：f
指定矩形的圆角半径〈12.0000〉：10
指定第一个角点或[倒角(C)/标高(E)/圆角(F)/厚度(T)/宽度(W)]：
指定另一个角点或[尺寸(D)]：
命令：_rectang
当前矩形模式：圆角＝10.0000
指定第一个角点或[倒角(C)/标高(E)/圆角(F)/厚度(T)/宽度(W)]：w
指定矩形的线宽〈0.0000〉：4

2.1.9 用样条曲线命令_spline 绘制地形图

样条曲线可用于创建形状不规则的曲线，可以绘制地形图(图2-10)，可以绘制复杂的汽车轮廓线。可以通过指定点来创建样条曲线。也可以封闭样条曲线，使起点和端点重合。公差表示样条曲线的拟合精度。公差越小，样条曲线与拟合点越接近，公差为0，样条曲线将通过该点。在绘制样条曲线时，可以改变样条曲线拟合公差以查看效果。用spline命令将样条曲线拟合多段线转换为样条曲线。

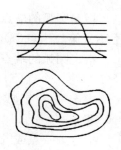

图 2-10 用样条曲线绘制地形图

命令：_spline
指定第一个点或[对象(O)]：
指定下一点或[闭合(C)/拟合公差(F)]〈起点切向〉：c

2.1.10 用多线命令_mline 绘制墙体，绘制多条平行线(图2-11)

多线的比例因子以多线样式的宽度为1。比例因子为2绘制多线时，其宽度是多线样式宽度的两倍。比例因子为0将使多线变为单条直线。

点击格式，点击多线样式(图2-12)，输入多线名称，点击添加，设置多线宽度，点击元素特性(图2-13)，点击添加，点击颜色，点击线型，点击确定。

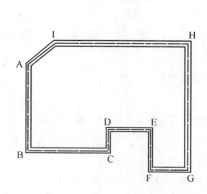

图 2-11 多线命令_mline 绘制墙体

图 2-12 多线样式对话框

图 2-13 多线特性对话框

命令：_mline
当前设置：对正＝上，比例＝20.00，样式＝STANDARD
指定起点或［对正(J)/比例(S)/样式(ST)］：j
输入对正类型［上(T)/无(Z)/下(B)］〈上〉：z
当前设置：对正＝无，比例＝20.00，样式＝STANDARD
指定起点或［对正(J)/比例(S)/样式(ST)］：s
输入多线比例〈20.00〉：5
当前设置：对正＝无，比例＝10.00，样式＝STANDARD
指定起点或［对正(J)/比例(S)/样式(ST)］：(A 点)
指定下一点：〈正交 开〉40(B 点)
指定下一点或［放弃(U)］：30(C 点)
指定下一点或［闭合(C)/放弃(U)］：10(D 点)
指定下一点或［闭合(C)/放弃(U)］：15(E 点)
指定下一点或［闭合(C)/放弃(U)］：25(F 点)
指定下一点或［闭合(C)/放弃(U)］：15(G 点)
指定下一点或［闭合(C)/放弃(U)］：70(H 点)
指定下一点或［闭合(C)/放弃(U)］：40(I 点)
指定下一点或［闭合(C)/放弃(U)］：c

2.1.11 修改多线特性

点击修改，点击对象，点击多线，勾选直线与外弧的起点与端点（图 2-14），点击确定（图 2-15）。

点击修改，点击对象，点击多线，勾选外弧的起点与端点，勾选直线的端点（图2-16），点击确定（图2-17）。

2.1.12 用_bhatch 命令 图案填充（见图 2-18）

CAD 提供实体填充以及 50 多种行

图 2-14 修改多线特性对话框

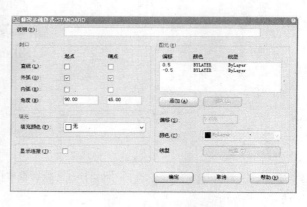

图 2-15　多线样式对话框　　　　图 2-16　修改多线特性对话框

图 2-17　多线样式对话框　　　　图 2-18　图案填充对话框

业标准填充图案，用它们区分对象的部件或表现对象的材质。CAD 还提供 14 种符合 ISO（国际标准化组织）标准的填充图案。当选择 ISO 图案时，可以指定笔宽。笔宽确定图案中的线宽。

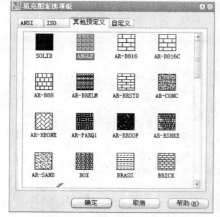

点击样例，点击图案，点击确定（图 2-19）。点击拾取点，点击对象内部，按右键后点击确定（图 2-20）。

2.1.13　徒手画线：SKETCH（图 2-21）

命令：_ rectang

指定第一个角点或 [倒角（C）/标高（E）/圆角（F）/厚度（T）/宽度（W）]：

指定另一个角点或 [尺寸（D）]：

命令：sketch

图 2-19　图案样例对话框

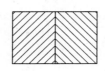
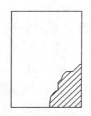

图 2-20　图案样例填充　　　　　　　图 2-21　徒手画填充边界线

记录增量〈1.0000〉：

徒手画。画笔(P)/退出(X)/结束(Q)/记录(R)/删除(E)/连接(C)/接续(.)〈笔落〉〈笔提〉

已记录 29 条直线。

命令：_bhatch

选择内部点：正在选择所有对象……

正在选择所有可见对象……

2.1.14　点击 图标，画树画白云，绘制云线(图 2-22)

也可以将闭合对象(例如圆、椭圆、闭合多段线或闭合样条曲线)转换为云线。将闭合对象转换为云线时，如果 DELOBJ 设置为 1(默认值)，原始对象将被删除。可以为修订云线的弧长设置默认的最小值和最大值。绘制修订云线时，可以使用拾取点选择较短的弧线段来更改圆弧的大小。也可以通过调整拾取点来编辑修订云线的单个弧长和弦长。

命令：_revcloud

最小弧长：50　最大弧长：100

指定起点或[弧长(A)/对象(O)]〈对象〉：

沿云线路径引导十字光标……

修订云线完成。

命令：_line 指定第一点：

指定下一点或[放弃(U)]：

命令：_mirror

选择对象：找到 1 个

指定镜像线的第一点：指定镜像线的第二点：

是否删除源对象？[是(Y)/否(N)]〈N〉：

(1)将闭合对象转换为云线(图 2-23)

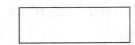

　　图 2-22　绘制云线　　　　　图 2-23　将闭合对象转换为云线

命令：_revcloud

最小弧长：50　最大弧长：100

指定起点或[弧长(A)/对象(O)]〈对象〉：o
选择对象：反转方向[是(Y)/否(N)]〈否〉：
(2)反转云线
命令：_revcloud
最小弧长：50 最大弧长：100
指定起点或[弧长(A)/对象(O)]〈对象〉：a
指定最小弧长〈50〉：100
指定最大弧长〈100〉：200
指定起点或[对象(O)]〈对象〉：
选择对象：反转方向[是(Y)/否(N)]〈否〉：Y(图 2-24)。

2.1.15 用记事本编缉绘图命令(图 2-25)
命令：_pline

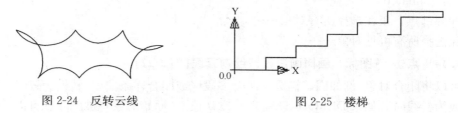

图 2-24 反转云线　　　　　图 2-25 楼梯

指定起点：0，0
当前线宽为 0.0000
正在恢复执行 PLINE 命令。
指定下一个点或[圆弧(A)/半宽(H)/长度(L)/放弃(U)/宽度(W)]：〈正交　开〉500
指定下一点或[圆弧(A)/闭合(C)/半宽(H)/长度(L)/放弃(U)/宽度(W)]：200
指定下一点或[圆弧(A)/闭合(C)/半宽(H)/长度(L)/放弃(U)/宽度(W)]：500
指定下一点或[圆弧(A)/闭合(C)/半宽(H)/长度(L)/放弃(U)/宽度(W)]：200
指定下一点或[圆弧(A)/闭合(C)/半宽(H)/长度(L)/放弃(U)/宽度(W)]：500
指定下一点或[圆弧(A)/闭合(C)/半宽(H)/长度(L)/放弃(U)/宽度(W)]：200
指定下一点或[圆弧(A)/闭合(C)/半宽(H)/长度(L)/放弃(U)/宽度(W)]：500
指定下一点或[圆弧(A)/闭合(C)/半宽(H)/长度(L)/放弃(U)/宽度(W)]：200
指定下一点或[圆弧(A)/闭合(C)/半宽(H)/长度(L)/放弃(U)/宽度(W)]：500
指定下一点或[圆弧(A)/闭合(C)/半宽(H)/长度(L)/放弃(U)/宽度(W)]：200
指定下一点或[圆弧(A)/闭合(C)/半宽(H)/长度(L)/放弃(U)/宽度(W)]：500
指定下一点或[圆弧(A)/闭合(C)/半宽(H)/长度(L)/放弃(U)/宽度(W)]：400
指定下一点或[圆弧(A)/闭合(C)/半宽(H)/长度(L)/放弃(U)/宽度(W)]：120
指定下一点或[圆弧(A)/闭合(C)/半宽(H)/长度(L)/放弃(U)/宽度(W)]：800
指定下一点或[圆弧(A)/闭合(C)/半宽(H)/长度(L)/放弃(U)/宽度(W)]：300
指定下一点或[圆弧(A)/闭合(C)/半宽(H)/长度(L)/放弃(U)/宽度(W)]：200
楼梯绘制过程还可用下述办法办理：把楼梯多段线所有的坐标点的坐标值在 WIN-DOWS 的记事本中编缉好(图 2-26)，全部选中并拷贝，然后在 CAD 命令行中点击右键，点击粘贴，记事本中的命令序列在命令行中执行，同样可得到所绘制的图形。

图 2-26　WINDOWS 的记事本

2.1.16　画蜗杆

用_spline 绘制局部剖外轮廓线（图 2-27）。

命令：_spline

指定第一个点或[对象(O)]：

指定下一点或[闭合(C)/拟合公差(F)]〈起点切向〉：〈对象捕捉　关〉〈对象捕捉追踪　关〉

指定下一点或[闭合(C)/拟合公差(F)]〈起点切向〉：

命令：_bhatch

选择内部点：正在选择所有对象…

正在选择所有可见对象…

2.1.17　画圆锥齿轮

用极轴跟踪绘制锥度线（图 2-28）。

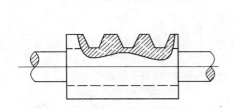

图 2-27　用_spline 绘制局部剖线

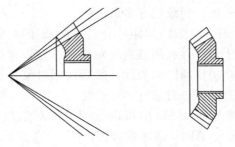

图 2-28　用极轴跟踪绘制锥度线

命令：_ray 指定起点：

指定通过点：（用射线命令画锥度辅助线）

命令：_line 指定第一点：

指定下一点或[闭合(C)/放弃(U)]：〈正交　开〉

命令：_pline

指定起点：

当前线宽为 0.0000

指定下一点或[圆弧(A)/闭合(C)/半宽(H)/长度(L)/放弃(U)/宽度(W)]：A

指定圆弧的端点或

[角度(A)/圆心(CE)/闭合(CL)/方向(D)/半宽(H)/直线(L)/半径(R)/第二个点(S)/放弃(U)/宽度(W)]：L

命令：_bhatch

选择内部点：正在选择所有对象…

正在选择所有可见对象…

命令：_trim

选择剪切边…

选择对象：指定对角点：找到 17 个

选择要修剪的对象，按住 Shift 键选择要延伸的对象，或[投影(P)/边(E)/放弃(U)]：

图 2-29　定数等分与定距等分

命令：_mirror

选择对象：指定对角点：找到 13 个

指定镜像线的第一点：指定镜像线的第二点：

是否删除源对象？[是(Y)/否(N)]〈N〉：

2.1.18　画点及对象等分（图 2-29）

DIVIDE（定数等分）：将指定的对象平均分为若干段，并利用点或块对象进行标识。该命令要求用户提供分段数，然后根据对象总长度自动计算每段的长度，对象没有多余长度。

MEASURE（定距等分）：将指定的对象平均分为若干段，并利用点或块对象进行标识。该命令要求用户提供每段的长度，然后根据对象总长度自动计算分段数，对象有多余长度。

在 AutoCAD 中可以被等分的对象包括 LINE（直线）、ARC（圆弧）、SPLINE（样条曲线）、CIRCLE（圆）、ELLIPSE（椭圆）和 POLYLINE（多段线）等，而间距点的标识则可使用 POINT（点）和

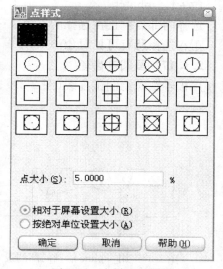

图 2-30　点样式对话框

BLOCK(块)。

2.1.19 选择点样式

点击格式,点击点样式(图 2-30)。

图 2-31 定数 6 等分

点击绘图,点击点,点击定数等分,选择等分对象,输入要等分的段数(图 2-31)。
命令:_ divide
选择要定数等分的对象:
输入线段数目或[块(B)]:6
如等分对象的类型不同,则按间距等分或按段数等分的起点也不同。对于直线或多段线,分段开始于距离选择点最近的端点。闭合多段线的分段开始于多段线的起点。圆的分段起点是:以圆心为起点、当前捕捉角度为方向的捕捉路径与圆的交点。

2.2 用多线画建筑平面图墙体

2.2.1 确定图幅,绘制水平及垂直构造线

点击格式,点击图形极限,根据建筑平面图的尺寸确定图幅大小,绘制水平及垂直构造线,点击多线,输入对正方式及墙厚,开始绘制平面图墙体(图 2-32)。

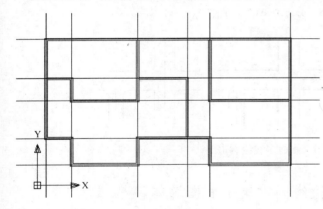

图 2-32 绘制平面图墙体

2.2.2 修剪外墙与隔墙的结合处

点击视图,点击鸟瞰视图,点击要修剪处。得到修剪处的放大图(图 2-33)。点击修改,点击对象,点击多线。选择要修剪样式,点击要修剪的部位(图 2-34)。

另外,双击多线,也可得到多线编辑工具(图 2-35)。

2.2.3 修剪多线绘制道路

用多线绘制道路,点击修改,点击对象,点击多线。选择要修剪样式,点击要修剪的部位。最后,分解多线再倒角(图2-36)。

图 2-33 修剪处的放大图

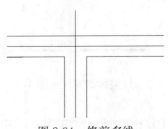

图 2-34 修剪多线

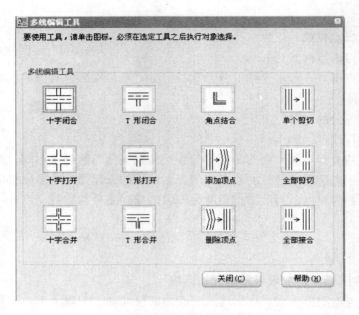

图 2-35　多线编辑工具对话框

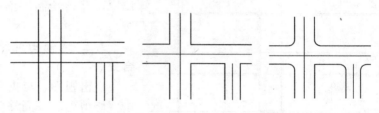

图 2-36　修剪多线绘制道路

2.3　用多段线画建筑平面图墙体

使用"宽度"可以绘制各种宽度的多段线。墙体的宽度可用 W 选项设置(图2-37)

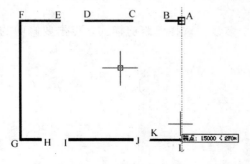

图 2-37　多段线墙体的宽度可用 W 选项设置

命令:'_ limits

重新设置模型空间界限:

指定左下角点或[开(ON)/关(OFF)]〈0.0000,0.0000〉:

指定右上角点〈420.0000,297.0000〉:20000,30000

命令:z

指定窗口角点,输入比例因子(nX 或 nXP),或

[全部(A)/中心点(C)/动态(D)/范围(E)/上一个(P)/比例(S)/窗口(W)]〈实时〉:a

正在重生成模型。

命令：_pline
指定起点：（A点）
当前线宽为240.0000
指定下一个点或［圆弧(A)/半宽(H)/长度(L)/放弃(U)/宽度(W)］：2000
命令：_line 指定第一点：（B点）
指定下一点或［放弃(U)］：4000
命令：_pline
指定起点：（C点）
当前线宽为240.0000
指定下一个点或［圆弧(A)/半宽(H)/长度(L)/放弃(U)/宽度(W)］：6000
命令：_line 指定第一点：（D点）
指定下一点或［放弃(U)］：3000
命令：_pline
指定起点：（E点）
当前线宽为240.0000
指定下一个点或［圆弧(A)/半宽(H)/长度(L)/放弃(U)/宽度(W)］：5000(F点)
指定下一点或［圆弧（A)/闭合（C)/半宽（H)/长度（L)/放弃（U)/宽度（W)］：15000（G点）
指定下一点或［圆弧(A)/闭合(C)/半宽(H)/长度(L)/放弃(U)/宽度(W)］：2000
命令：_line 指定第一点：（H点）
指定下一点或［放弃(U)］：4000
命令：_pline
指定起点：（I点）
当前线宽为240.0000
指定下一个点或［圆弧(A)/半宽(H)/长度(L)/放弃(U)/宽度(W)］：6000
命令：_line 指定第一点：（J点）
指定下一点或［放弃(U)］：3000
命令：_pline
指定起点：（K点）
当前线宽为240.0000
指定下一个点或［圆弧(A)/半宽(H)/长度(L)/放弃(U)/宽度(W)］：3000(L点)

2.4 用多边形绘制同心图案

用@符号自动定位多边形中心(图2-38)
命令：_polygon 输入边的数目〈4〉：6
指定正多边形的中心点或［边(E)］：
输入选项［内接于圆(I)/外切于圆(C)］〈I〉：
指定圆的半径：〈正交　开〉

图 2-38　用@符号自动定位多边形中心

命令：_polygon 输入边的数目〈6〉：4
指定正多边形的中心点或[边(E)]：@
输入选项[内接于圆(I)/外切于圆(C)]〈I〉：
指定圆的半径：
命令：_polygon 输入边的数目〈4〉：3
指定正多边形的中心点或[边(E)]：@
输入选项[内接于圆(I)/外切于圆(C)]〈I〉：
指定圆的半径：〈对象捕捉　关〉
命令：_circle 指定圆的圆心或[三点(3P)/两点(2P)/相切、相切、半径(T)]：@
指定圆的半径或[直径(D)]：

2.5　用样条曲线绘制公路施工图（图 2-39）

命令：_spline
指定第一个点或[对象(O)]：
指定下一点或[闭合(C)/拟合公差(F)]〈起点切向〉：

2.6　绘制印刷电路板（图 2-40）

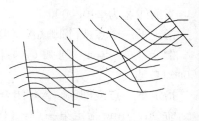

图 2-39　样条曲线绘制公路施工图

用等宽多段线绘制电路，用内径为零的圆环绘制焊接点，用 OFFSET 偏移等宽电路，IC 芯片在 CAD 设计中心可查找到。

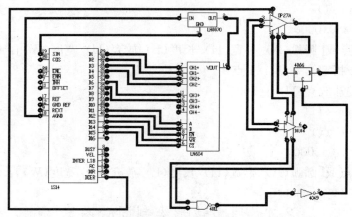

图 2-40　用等宽多段线绘制印刷电路板

2.7　绘制 $\sqrt{2}\sim\sqrt{6}$ 图案（图 2-41）

命令：_line 指定第一点：〈正交　开〉〈对象捕捉追踪　关〉：（A 点）
指定下一点或[放弃(U)]：1
指定下一点或[放弃(U)]：1

指定下一点或[闭合(C)/放弃(U)]：1
指定下一点或[闭合(C)/放弃(U)]：c
命令：_ line 指定第一点：
指定下一点或[放弃(U)]：〈正交 关〉
命令：_ offset
指定偏移距离或[通过(T)]〈1.0000〉：
选择要偏移的对象或〈退出〉：
指定点以确定偏移所在一侧：
命令：_ offset
指定偏移距离或[通过(T)]〈1.0000〉：
选择要偏移的对象或〈退出〉：
指定点以确定偏移所在一侧：
命令：_ line 指定第一点：
指定下一点或[放弃(U)]：
命令：_ offset
指定偏移距离或[通过(T)]〈1.0000〉：
选择要偏移的对象或〈退出〉：
指定点以确定偏移所在一侧：

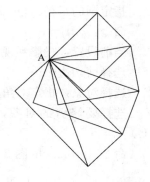

图 2-41　绘制 $\sqrt{2}\sim\sqrt{6}$ 图案

2.8　图案高级填充

点击_ bhatch，点击拾取点，选择内部点(图 2-42)。

2.8.1　标牌填充

命令：_ rectang(图 2-43)。
指定第一个角点或[倒角(C)/标高(E)/圆角(F)/厚度(T)/宽度(W)]：0，0

指定另一个角点或[尺寸(D)]：100，100
命令：_ circle 指定圆的圆心或[三点(3P)/两点(2P)/相切、相切、半径(T)]：(作矩形对角线找到圆心)
指定圆的半径或[直径(D)]〈40.1497〉：40
命令：_ offset
指定偏移距离或[通过(T)]〈5.0000〉：
选择要偏移的对象或〈退出〉：
指定点以确定偏移所在一侧：
命令：_ polygon 输入边的数目〈3〉：
指定正多边形的中心点或[边(E)]：
输入选项[内接于圆(I)/外切于圆(C)]〈I〉：

图 2-42　图案高级填充对话框

指定圆的半径：〈正交　开〉〈正交　关〉〈正交　开〉〈对象捕捉　关〉

命令：_ trim

当前设置：投影＝视图，边＝无

选择剪切边……

选择对象：指定对角点：找到 6 个

选择要修剪的对象，按住 Shift 键选择要延伸的对象，或[投影(P)/边(E)/放弃(U)]：

命令：_ bhatch(图 2-44)。

图 2-43　绘制标牌

图 2-44　标牌填充

选择内部点：正在选择所有对象……

2.8.2　三色环图案填充

绘制三角形，然后绘制三个小圆，圆心分别为三角形的顶点和中点(图 2-45)，修剪后填充(图 2-46)。

2.8.3　填充封闭的样条曲线(图 2-47)

命令：_ spline

指定第一个点或[对象(O)]：

指定下一点或[闭合(C)/拟合公差(F)]〈起点切向〉：

命令：_ offset

指定偏移距离或[通过(T)]〈通过〉：200

选择要偏移的对象或〈退出〉：

指定点以确定偏移所在一侧：

命令：_ bhatch

选择内部点：正在选择所有对象……

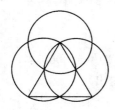
图 2-45　绘制三个小圆并修剪

图 2-46　三色环图案填充

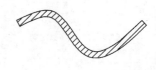
图 2-47　填充封闭的样条曲线

2.8.4　用样条曲线绘制坝体后填充(图 2-48)

命令：_ spline

指定第一个点或[对象(O)]：
指定下一点：〈正交 开〉
指定下一点或[闭合(C)/拟合公差(F)]〈起点切向〉：
指定起点切向
命令：_bhatch
选择内部点：正在选择所有对象……

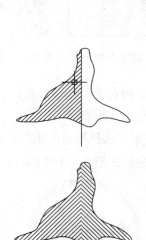

图2-48 样条曲线绘制坝体后填充

2.8.5 变换角度填充图案

点击 ▨ 图案填充，修改角度为90°（图2-49）。

命令：_spline
指定第一个点或[对象(O)]：
指定下一点或[闭合(C)/拟合公差(F)]〈起点切向〉：c
命令：_line 指定第一点：
指定下一点或[放弃(U)]：〈正交 开〉
命令：_bhatch
选择内部点：正在选择所有对象……
正在选择所有可见对象……（图2-50）

图2-49 修改角度为90°　　图2-50 变换90°填充图案

2.8.6 选择渐变色填充

点击 ▨ 图案填充，点击渐变色（图2-51），选中渐变色图案，在所需矩形中填充渐变色（图2-52）。

2.8.7 改变重叠图案的显示次序

该命令各选项的作用为：
最前：将选定的对象移到图形显示次序的最前面。
最后：将选定的对象移到图形显示次序的最后面。

47

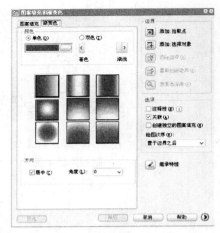

对象上：将选定的对象移动到指定参照对象的上面显示。

对象下：将选定的对象移动到指定参照对象的下面显示。

如果一次选中多个对象进行排序，选中对象之间的显示次序并不改变，而只改变与其他对象的相对位置。

点击 ![] 或点击工具，点击显示次序。选择蓝色小三角形（图 2-53），输入 U，选择红旗，此时，红旗显示在蓝色小三角形之上（图 2-54）。

命令：_draworder

选择对象：指定对角点：找到 2 个

图 2-51 选择图案填充

选择对象：（选择蓝色小三角形）

输入对象排序选项[对象上(A)/对象下(U)/最前(F)/最后(B)]〈最后〉：u

图 2-52 填充渐变色　　图 2-53 选择蓝色小三角形　　图 2-54 选择红旗

选择参照对象：指定对角点：（选择红旗）

正在重生成模型。

点击 ![]，选择黑色的喇叭（图 2-55），输入 A，选择红色的图形，此时，黑色的喇叭显示在红色的图形之上（图 2-56）。

图 2-55 选择黑色的喇叭　　　　　图 2-56 选择红色的图形

命令：_draworder

选择对象：指定对角点：找到 5 个

选择对象：（选择黑色的喇叭）

输入对象排序选项[对象上(A)/对象下(U)/最前(F)/最后(B)]〈最后〉：a

选择参照对象：指定对角点：（选择红色的图形）

正在重生成模型。

2.9 上机实验

实验 1 绘制二维建筑平面图

1. 目的要求

熟悉二维绘图命令用构造线绘制轴线，多线绘制墙线的方法。

2. 操作指导

构造线绘制水平与垂直轴线，设置多线的对正方式，用多线绘制墙线，修改多线。

实验 2 多段线绘制图形的方法

1. 目的要求

用多段线绘制弧形墙线。

2. 操作指导

点击多段线图标，用 W 与 A 子命令，改变多段线的宽度与弧度。

实验 3 定数等分，定距等分

1. 目的要求

定数等分，定距等分直线。

2. 操作指导

点击绘图，点击点，点击定数等分，选择等分对象，输入要等分的段数。

实验 4 图案填充

1. 目的要求

填充各类图案

2. 操作指导

点击 图案填充，选择图案，选择需填充的区域，点击确定。

思 考 题

1. 填充图案的比例、角度、渐变色怎样设置？
2. 多线(4 线)怎样设置？多线怎样修改？
3. 怎样用多段线绘制箭头？
4. 怎样定距等分直线？
5. 怎样用样条曲线绘制等高线？
6. 怎样改变重叠图案的显示次序？

3 基本编辑命令

教学要求：AutoCAD 二维绘图编辑命令是一个交互式编辑软件，是用于绘图的修改工具，用户可以使用它来修改已绘制图形。本章让学生了解 CAD 二维绘图编辑命令的特点与功能，了解镜像操作、阵列操作、修剪操作、延伸操作、偏移操作、拷贝操作、倒角操作、打断操作、比例操作、拉长与缩短操作，会使用把若干个线段合并为多段线的操作，会用 CHANGE 命令编辑对象，会用 CHPROP 命令编辑对象。本章重点是：多段线的编辑，对象特性编辑，对象特殊点编辑。

3.1 二维修改工具条

二维修改工具条如图 3-1 所示。

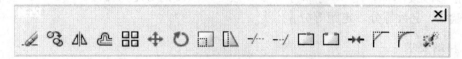

图 3-1 二维修改工具条

3.1.1 面域操作

把直线、多线段、圆、圆弧、椭圆、样条曲线等所围成的封闭图形变为面。面域的特长是：可进行布尔运算，可分析面域对象特性并提取设计信息。闭合多段线、直线和曲线都是有效的选择对象。曲线包括圆弧、圆、椭圆弧、椭圆和样条曲线。例如，可按如下方法进行六角星的面域操作：

第一种方法：点击_region，点击封闭图形
命令：_polygon 输入边的数目〈4〉：3
指定正多边形的中心点或[边(E)]：
输入选项[内接于圆(I)/外切于圆(C)]〈I〉：
指定圆的半径：50
POLYGON 输入边的数目〈3〉：
指定正多边形的中心点或[边(E)]：@
输入选项[内接于圆(I)/外切于圆(C)]〈I〉：
指定圆的半径：50〈正交 开〉(图 3-2)
命令：_region
选择对象：指定对角点：找到 2 个
选择对象：（选择两个三角形）
已创建 2 个面域(图 3-3)

命令：_ shademode 当前模式：二维线框

输入选项

[二维线框(2D)/三维线框(3D)/消隐(H)/平面着色(F)/体着色(G)/带边框平面着色(L)/带边框体着色(O)]〈二维线框〉：_g

第二种方法：点击_ region，点击六个三角形封闭图形，六个三角形面域填充（图3-4）。

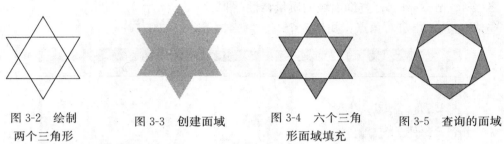

图 3-2 绘制 两个三角形　　图 3-3 创建面域　　图 3-4 六个三角 形面域填充　　图 3-5 查询的面域

3.1.2 查询面域对象特性

单击工具，单击查询，单击面域/质量特性，选择要查询的面域（图 3-5）。面域对象特性列表见图 3-6。

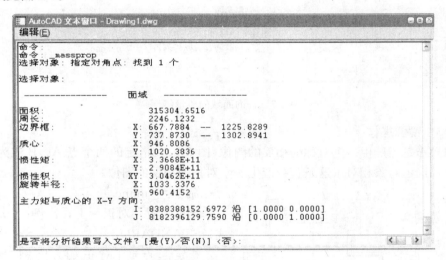

图 3-6 查询面域对象特性列表

命令：_ polygon 输入边的数目〈4〉：5

指定正多边形的中心点或[边(E)]：

输入选项[内接于圆(I)/外切于圆(C)]〈I〉：

指定圆的半径：〈正交　开〉

命令：_ polygon 输入边的数目〈5〉：

指定正多边形的中心点或[边(E)]：@

输入选项[内接于圆(I)/外切于圆(C)]〈I〉：

指定圆的半径：

命令：_ boundary

已创建 5 个面域。
BOUNDARY 已创建 5 个面域

命令：_shademode 当前模式：二维线框

［二维线框(2D)/三维线框(3D)/消隐(H)/平面着色(F)/体着色(G)/带边框平面着色(L)/带边

框体着色(O)]〈二维线框〉：_g

命令：_massprop；查询面域的质量特性(图 3-7)

选择对象：指定对角点：找到 7 个

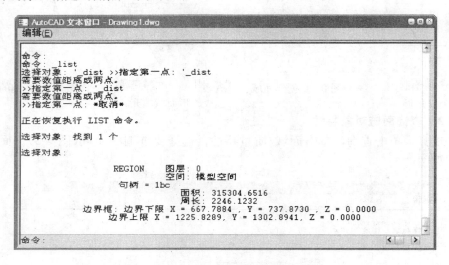

图 3-7　查询面域的质量特性

3.1.3　镜像操作

镜像操作是指产生一个对称的相反的图像(图 3-8)。指定的两个点 A、B 成为直线的两个端点，选定对象相对于这条直线产生一个对称的相反的图像。

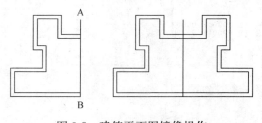

图 3-8　建筑平面图镜像操作

命令：_mline

当前设置：对正＝上，比例＝10.00，样式＝STANDARD

指定起点或［对正(J)/比例(S)/样式(ST)］：s

输入多线比例〈10.00〉：8

当前设置：对正＝上，比例＝8.00，样式＝STANDARD

指定起点或［对正(J)/比例(S)/样式(ST)］：

指定下一点：

命令：_mirror

选择对象：找到 1 个

指定镜像线的第一点：(A 点)，指定镜像线的第二点：(B 点)

是否删除源对象？［是(Y)/否(N)］〈N〉：

命令：_dtext
当前文字样式：Standard 当前文字高度：2.5000
指定文字的起点或[对正(J)/样式(S)]：
指定高度〈2.5000〉：10
指定文字的旋转角度〈0〉：
输入文字：A
输入文字：B

3.1.4 文字对象的反像特性

使用 MIRRTEXT 系统变量。MIRRTEXT 默认设置是 1(开)，这将导致文字对象同其他对象一样被镜像处理。当 MIRRTEXT 设置为关(0)时，文字对象不作镜像处理。

MIRRTEXT 设置为关(0)时：

MIRRTEXT 默认设置是 1(开)时：

3.1.5 矩形阵列操作

产生一组有序的图像，选择相应的选项可以创建矩形或环形阵列(图 3-9)。

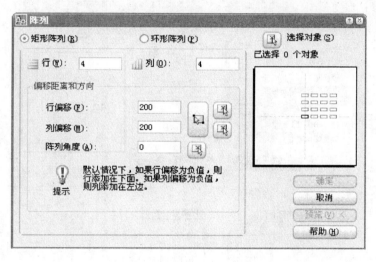

图 3-9 矩形阵列对话框

窗户矩形阵列操作：
命令：_array
指定行间距：200
第二点：200
指定列间距：200
第二点：200
选择对象：指定对角点：找到 5 个(图 3-10)
阵列角度：指定矩形阵列与当前基准角之间的角度(图 3-11)。

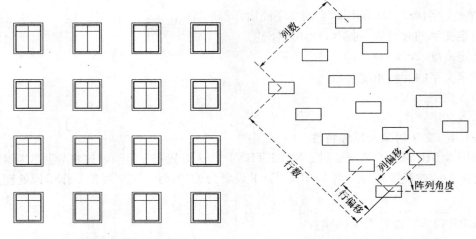

图 3-10　四行四列窗户矩形阵列　　　　图 3-11　阵列角度

3.1.6　环形阵列操作

依照阵列对话框的提示，输入参数（图 3-12）。

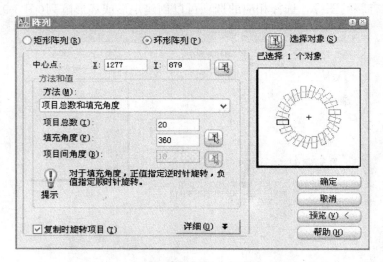

图 3-12　环形阵列对话框

(1)花卉环形阵列操作

命令：_line 指定第一点：
指定下一点或[放弃(U)]：
命令：_arc 指定圆弧的起点或[圆心(C)]：
指定圆弧的第二个点或[圆心(C)/端点(E)]：
指定圆弧的端点：
命令：_mirror
选择对象：找到 1 个
选择对象：

指定镜像线的第一点：指定镜像线的第二点：

是否删除源对象？[是(Y)/否(N)]〈N〉：

命令：_array

选择对象：找到1个

选择对象：找到1个，总计2个

选择对象：（输入项目总数20与填充角度360°）（图3-13）

指定阵列中心点：

（2）复制时旋转项目

复制时旋转项目：如果选择该项，则阵列操作所生成的COPY进行旋转（图3-14左图），如果不选择该项，则阵列操作所生成的COPY保持与源对象相同的方向不变，而只改变相对位置（图3-14右图），图形同时进行旋转（图3-15左图），图形方向不变（图3-15右图）。

图3-13 花卉环形阵列

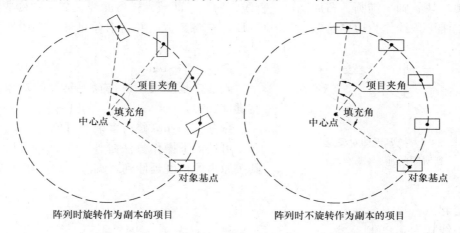

图3-14 图形同时进行旋转的参数（图形方向不变的参数）

3.1.7 修剪操作

修剪操作可以把对象中不要的部分剪裁掉。可以修剪的对象包括圆弧、圆、椭圆弧、直线、二维和三维多段线、射线、样条曲线、和构造线。按ENTER键选择所有对象作为剪切边。有效的剪切边对象包括二维和三维多段线、圆弧、圆、椭圆、布局视口、直线、射线、面域、样条曲线、文字和构造线。例如，可按如下操作方法修剪五角星：

命令：_polygon 输入边的数目〈4〉：5

指定正多边形的中心点或[边(E)]：

输入选项[内接于圆(I)/外切于圆(C)]〈I〉：

指定圆的半径：〈正交　开〉

命令：_line 指定第一点：〈正交　关〉

指定下一点或[放弃(U)]：（用捕捉交点绘制五角星的五条边）

命令：_trim

当前设置：投影=视图，边=无

选择剪切边…

选择对象：指定对角点：找到 6 个

选择对象：（从右上角往左下角选择所有的对象，点击右键，五次选择要修剪的对象）（图 3-16）

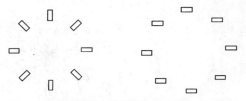

图 3-15 图形同时进行旋转（图形方向不变）　　　　图 3-16 修剪五角星

3.1.8　延伸操作

可以把要延伸对象延伸到所需的地方。有效的边界对象包括二维多段线、三维多段线、圆弧、块、圆、椭圆、布局视口、直线、射线、面域、样条曲线、文字和构造线。如果选择二维多段线作为边界对象，AutoCAD 将忽略其宽度并将对象延伸到多段线的中心线处。

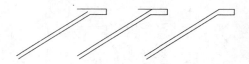

命令：_ extend

先选择基准边，再选择要延伸的对象，单击右键（图 3-17）

图 3-17 把要延伸对象延伸到所需的地方（基准边）

命令：_ trim（修剪多余的对象）

可按如下操作方法延伸一个锥状多段线，使其按原来的锥度延伸到新端点，端点宽度为零。

命令：_ pline

指定起点：

当前线宽为 0.0000

指定下一个点或[圆弧(A)/半宽(H)/长度(L)/放弃(U)/宽度(W)]：w

指定起点宽度〈0.0000〉：30

指定端点宽度〈30.0000〉：0

指定下一点或[圆弧(A)/闭合(C)/半宽(H)/长度(L)/放弃(U)/宽度(W)]：

命令：_ extend

选择对象：

先选择基准边，再选择要延伸的对象箭头，单击右键（图 3-18）。

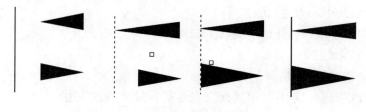

图 3-18 延伸锥状多段线

3.1.9 偏移操作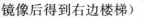

等距离的推平行线,创建同心圆和平行曲线。可按如下操作进行楼梯偏移操作(图3-19):

(1)楼梯踏步偏移

命令:_offset

指定偏移距离或[通过(T)]〈4.0000〉:6

选择要偏移的对象或〈退出〉:

指定点以确定偏移所在一侧:

(指定点以确定偏移所在一侧,单击左键)

命令:_mirror(绘制左边楼梯镜像后得到右边楼梯)

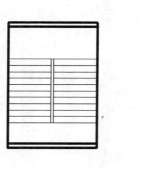
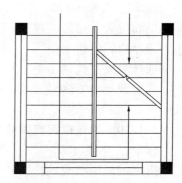

图3-19 楼梯偏移操作

选择对象:找到1个

选择对象:找到1个(1个重复),总计1个

选择对象:指定对角点:找到1个,总计2个

指定镜像线的第一点:指定镜像线的第二点:

是否删除源对象?[是(Y)/否(N)]〈N〉:

(2)绘制箭头

命令:_pline

指定起点:

当前线宽为0

指定下一个点或[圆弧(A)/半宽(H)/长度(L)/放弃(U)/宽度(W)]:w

指定起点宽度〈0〉:80

指定端点宽度〈80〉:0

指定下一点或[圆弧(A)/闭合(C)/半宽(H)/长度(L)/放弃(U)/宽度(W)]:

命令:_line 指定第一点:

指定下一点或[放弃(U)]:〈对象捕捉追踪 开〉

命令:_pline

指定起点:

当前线宽为0

指定下一个点或[圆弧(A)/半宽(H)/长度(L)/放弃(U)/宽度(W)]:w

指定起点宽度〈0〉:80

指定端点宽度〈80〉:0

指定下一个点或[圆弧(A)/半宽(H)/长度(L)/放弃(U)/宽度(W)]:

(3)绘制折断线

命令:_line 指定第一点:

指定下一点或[放弃(U)]:〈正交 关〉

命令:_offset

指定偏移距离或[通过(T)]〈40〉：60
选择要偏移的对象或〈退出〉：
指定点以确定偏移所在一侧：
命令：_extend
当前设置：投影＝视图，边＝无
选择边界的边……
选择对象：找到 1 个
选择要延伸的对象，按住 Shift 键选择要修剪的对象，或[投影(P)/边(E)/放弃(U)]：

3.1.10 通过指定点偏移对象

命令：_offset
指定偏移距离或[通过(T)]〈通过〉：T
选择要偏移的对象或〈退出〉：
指定通过点：(A 点)
选择要偏移的对象或〈退出〉：
指定通过点：(B 点)
选择要偏移的对象或〈退出〉(图 3-20)：

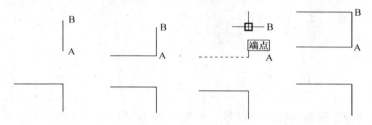

图 3-20 通过指定点偏移对象

3.1.11 拷贝操作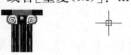

复制一个或多个对象。选择要复制的对象，在绘图区域中单击右键，然后单击复制。
命令：_copy
选择对象：指定对角点：找到 9 个
指定基点或位移，或者[重复(M)]：m(复制多个对象要输入 M)(图 3-21)

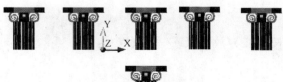

指定位移的第二点或〈用第一点作位移〉：〈正交开〉

3.1.12 复制的对象相对于 X、Y、Z 的位移

如果指定基点为 50，100 并按 ENTER 键，则该对象从它当前的位置开始在 X 方向上移动 50 个单位，在 Y 方向上移动 100 个单位。

命令：_circle 指定圆的圆心或[三

图 3-21 拷贝操作

点(3P)/两点(2P)/相切、相切、半径(T)]：0，0

指定圆的半径或[直径(D)]〈30.0000〉：30

命令：_ copy

选择对象：找到 1 个

指定基点或位移，或者[重复(M)]：0，0

指定位移的第二点或〈用第一点作位移〉：50，100(图 3-22)

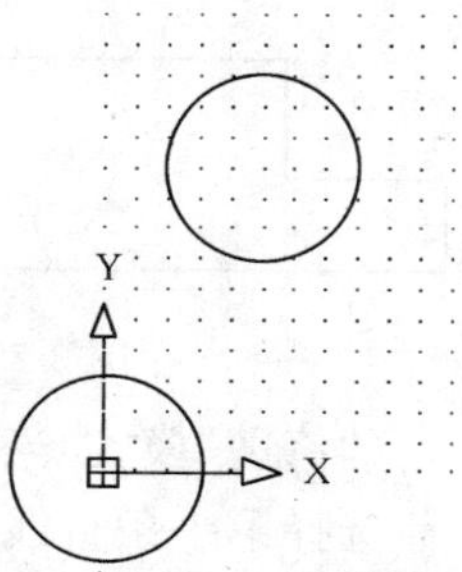

3.1.13 倒角操作

选择对象，进行倒斜角或倒圆角操作。使用两个距离或一个距离和一个角度来创建倒角。

图 3-22　复制的对象相对于 X、Y 的位移

(1) 多边形的倒角操作

命令：_ chamfer(关键是输入倒角距离 D)

("修剪"模式)当前倒角距离 1＝10.0000，距离 2＝10.0000

选择第一条直线或[多段线(P)/距离(D)/角度(A)/修剪(T)/方法(M)]：d

指定第一个倒角距离〈10.0000〉：8

指定第二个倒角距离〈8.0000〉：

选择第一条直线或[多段线(P)/距离(D)/角度(A)/修剪(T)/方法(M)]：p

选择二维多段线：

9 条直线已被倒角(图 3-23)

命令：_ fillet(关键是输入倒角半径 R)

当前模式：模式＝修剪，半径＝10.0000

选择第一个对象或[多段线(P)/半径(R)/修剪(T)]：r

指定圆角半径〈10.0000〉：6

选择第一个对象或[多段线(P)/半径(R)/修剪(T)]：p

选择二维多段线：

9 条直线已被圆角(图 3-24)

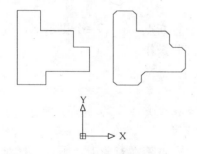

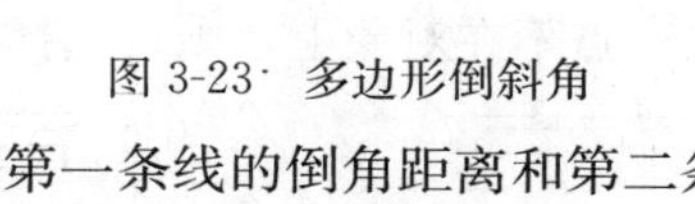

图 3-23　多边形倒斜角

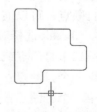

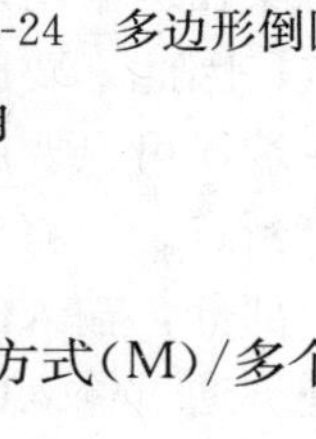

图 3-24　多边形倒圆角

(2) 用第一条线的倒角距离和第二条线与第一条线的夹角倒角

命令：_ chamfer

("修剪"模式)当前倒角距离 1＝0.0000，距离 2＝0.0000

选择第一条直线或[多段线(P)/距离(D)/角度(A)/修剪(T)/方式(M)/多个(U)]：A

指定第一条直线的倒角长度〈0.0000〉：100

指定第一条直线的倒角角度〈0〉：35(图 3-25)

(3) 倒角并修剪(图 3-26)

(4) 倒角不修剪：(图 3-27)

命令：_ chamfer

图 3-25 边与夹角倒角

("修剪"模式)当前倒角长度＝100.0000，角度＝35

选择第一条直线或[多段线(P)/距离(D)/角度(A)/修剪(T)/方式(M)/多个(U)]：T(图 3-26)

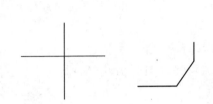
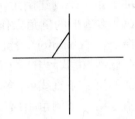

图 3-26 倒角并修剪　　　　　　　　　　图 3-27 倒角不修剪

输入修剪模式选项[修剪(T)/不修剪(N)]〈修剪〉：

选择第一条直线或[多段线(P)/距离(D)/角度(A)/修剪(T)/方式(M)/多个(U)]：

选择第二条直线：

命令：_ chamfer

("修剪"模式)当前倒角长度＝100.0000，角度＝35

选择第一条直线或[多段线(P)/距离(D)/角度(A)/修剪(T)/方式(M)/多个(U)]：T

输入修剪模式选项[修剪(T)/不修剪(N)]〈修剪〉：n(图 3-27)

选择第一条直线或[多段线(P)/距离(D)/角度(A)/修剪(T)/方式(M)/多个(U)]：

选择第二条直线：

3.1.14　打断操作

在对象所需的地方打断。把选择点作为第一个打断点，在下一个提示下，可以继续指定第二个打断点。可以通过以下步骤进行墙线的打断操作：

命令：_ break 选择对象：

指定第二个打断点或[第一点(F)]：F(1 点)

指定第一个打断点：_ from 基点：〈偏移〉：@40＜0

指定第二个打断点：@30＜0(2 点)(图 3-28)

打断对象在两个指定点之间的部分。如果第二个点不在对象上，则将选择对象上与之最接近的点；因此，要删除直线、圆弧或多段线的一端；可在要删除的一端以外指定第二个打断点。要将对象一分为二并且不删除某个部分，输入的第一个点和第二个点应相同。通过输入@指定第二个点即可实现此过程。直线、圆弧、圆、多段

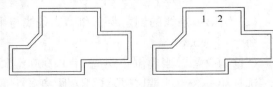

图 3-28 打断操作

线、椭圆、样条曲线、圆环以及其他几种对象类型都可以拆分为两个对象或将其中的一端删除。

3.1.15 比例操作

放大或缩小操作。选择要缩放的对象，然后在绘图区域中单击右键并单击缩放。

命令：_ scale

选择对象：指定对角点：找到10个

指定基点：〈对象捕捉　开〉

指定比例因子或[参照(R)]：0.8

命令：_ scale

选择对象：指定对角点：找到10个

指定基点：

指定比例因子或[参照(R)]：0.6

命令：_ scale

选择对象：指定对角点：找到10个

指定基点：

指定比例因子或[参照（R）]：0.4（图3-29）

图3-29　比例放大或缩小

3.1.16　按参照长度和指定长度缩放所选对象

命令：_ pline

指定起点：（A点）

当前线宽为0.0000

指定下一个点或[圆弧(A)/半宽(H)/长度(L)/放弃(U)/宽度(W)]：200(B点)

指定下一点或[圆弧(A)/闭合(C)/半宽(H)/长度(L)/放弃(U)/宽度(W)]：100(C点)

指定下一点或[圆弧(A)/闭合(C)/半宽(H)/长度(L)/放弃(U)/宽度(W)]：100(D点)

指定下一点或[圆弧(A)/闭合(C)/半宽(H)/长度(L)/放弃(U)/宽度(W)]：200(E点)

指定下一点或[圆弧(A)/闭合(C)/半宽(H)/长度(L)/放弃(U)/宽度(W)]：300(F点)

命令：_ scale

选择对象：找到1个

指定基点：

指定比例因子或[参照(R)]：R

指定参照长度〈1〉：

指定新长度：2(图形放大了两倍)(图3-30)

3.1.17　拉长或缩短操作

拉长或缩短对象。可拉长或缩短与选择窗口相交的圆弧、椭圆弧、直线、多段线、射线、宽线和样条曲线。STRETCH 移动窗口内的端点，而不改变窗口外的端点。以交叉窗口或交叉多边形从右上角往左下角选择对象的一部分，点击左键，选择基点，输入指定位移。

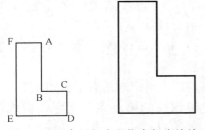

图3-30　按参照长度和指定长度缩放

61

(1) 拉长彩旗

命令：_ stretch

选择对象：指定对角点：找到 8 个

选择对象：

指定基点或位移：

指定位移的第二个点或〈用第一个点作位移〉：@100＜0(图 3-31)

图 3-31　拉长彩旗

(2) 拉长二维对象

命令：_ stretch

以交叉窗口或交叉多边形选择要拉伸的对象……

选择对象：指定对角点：找到 3 个

指定基点或位移：

指定位移的第二个点或〈用第一个点作位移〉(图 3-32)

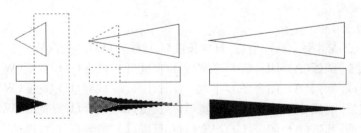

图 3-32　拉长二维对象

3.1.18　合并对象为多段线操作

把两段或多段合并为一个实体，只有合并为一个实体后，才能进行拉伸操作。

命令：_ pline(用多段线命令画图 3-33 的一半)

指定起点：

当前线宽为 0.0000

指定下一个点或[圆弧(A)/半宽(H)/长度(L)/放弃(U)/宽度(W)]：

命令：_ mirror(用镜像命令画图 3-33 的另一半)

选择对象：指定对角点：找到 1 个

指定镜像线的第一点：指定镜像线的第二点：

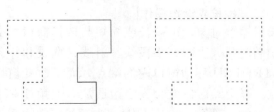

图 3-33　合并对象为多段线

是否删除源对象？[是(Y)/否(N)]〈N〉：

命令：_pedit 选择多段线或[多条(M)]：

输入选项

[闭合(C)/合并(J)/宽度(W)/编辑顶点(E)/拟合(F)/样条曲线(S)/非曲线化(D)/线型生成(L)/放弃(U)]：J(用 J 命令合并两半为一个实体)(图 3-33)

选择对象：找到 1 个(点击左边多段线)

选择对象：找到 1 个，总计 2 个(点击右边多段线)

7 条线段已添加到多段线

3.1.19 将 2D 多段线拟合为光滑的曲线操作

先用_pline 命令画多段线，再用_pedit 的 F 选项将多段线拟合为光滑的曲线。

命令：_pedit 选择多段线或[多条(M)]：

输入选项

[闭合(C)/合并(J)/宽度(W)/编辑顶点(E)/拟合(F)/样条曲线(S)/非曲线化(D)/线型生成(L)/放弃(U)]：F(输入 F，点击右键，点击确定)(图 3-34)。

图 3-34　多段线拟合为光滑曲线

3.1.20 将 2D 多段线拟合为光滑的样条曲线

PEDIT 选择多段线或[多条(M)]：

输入选项

[闭合(C)/合并(J)/宽度(W)/编辑顶点(E)/拟合(F)/样条曲线(S)/非曲线化(D)/线型生成(L)/放弃(U)]：s(输入 S，点击右键，点击确定)(图 3-35)

3.1.21 多段线的顶点编辑

点击修改，点击多段线，可进行多段线的打断、插入、移动、拉伸等操作。可通过以下步骤进行花瓶多段线插入顶点的操作(图 3-36)。

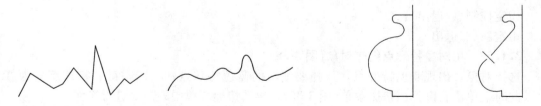

图 3-35　多段线拟合为光滑的样条曲线　　图 3-36　多段线插入顶点

命令：_pedit 选择多段线或[多条(M)]：

输入选项

[闭合(C)/合并(J)/宽度(W)/编辑顶点(E)/拟合(F)/样条曲线(S)/非曲线化(D)/线型生成(L)/放弃(U)]：E

输入顶点编辑选项

[下一个(N)/上一个(P)/打断(B)/插入(I)/移动(M)/重生成(R)/拉直(S)/切向(T)/宽度(W)/退出(X)]〈N〉：N

输入顶点编辑选项

[下一个(N)/上一个(P)/打断(B)/插入(I)/移动(M)/重生成(R)/拉直(S)/切向(T)/宽度(W)/退出(X)]〈N〉：I(图 3-36)

指定新顶点的位置：〈正交　关〉

输入顶点编辑选项

[下一个(N)/上一个(P)/打断(B)/插入(I)/移动(M)/重生成(R)/拉直(S)/切向(T)/宽度(W)/退出(X)]〈N〉：M

指定标记顶点的新位置：

3.1.22 修改样条曲线的操作

点击要修改的样条曲线，出现许多蓝色的小框，把光标移到要修改的蓝色小框处，点击左键，小框变为红色，可进行样条曲线的拟合、移动、添加等操作(图 3-37)。

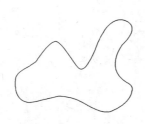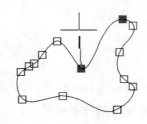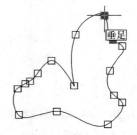

图 3-37　修改样条曲线

命令：_splinedit

选择样条曲线：

输入选项[拟合数据(F)/打开(O)/移动顶点(M)/精度(R)/反转(E)/放弃(U)]：F

输入拟合数据选项

[添加(A)/打开(O)/删除(D)/移动(M)/清理(P)/相切(T)/公差(L)/退出(X)]〈退出〉：A

指定控制点〈退出〉：

指定新点〈退出〉：

3.1.23 用对象特殊点编辑对象(图 3-38)

选择对象，出现蓝色特殊点，选择要编辑的蓝色特殊点，单击左键，特殊点变为红色，此时，单击右键弹出快捷菜单(图 3-39)，再选快捷菜单中的命令进行操作。

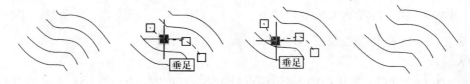

图 3-38　用对象特殊点编辑对象

3.1.24 用 CHANGE 命令编辑对象

可修改对象的颜色、标高、图层、线型、线型比例、线宽、厚度、块、属性等。

（1）修改厚度

命令：change 选择对象：找到 1 个

选择对象：

指定修改点或[特性(P)]：P

输入要修改的特性

[颜色(C)/标高(E)/图层(LA)/线型(LT)/线型比例(S)/线宽(LW)/厚度(T)]：T（图 3-40）

指定新厚度〈0.0000〉：30

输入要修改的特性

[颜色(C)/标高(E)/图层(LA)/线型(LT)/线型比例(S)/线宽(LW)/厚度(T)]：C

输入新颜色〈随层〉：1

CHANGE

选择对象：找到 1 个

指定修改点或[特性(P)]：P

输入要修改的特性

[颜色(C)/标高(E)/图层(LA)/线型(LT)/线型比例(S)/线宽(LW)/厚度(T)]：T

指定新厚度〈50.0000〉：80

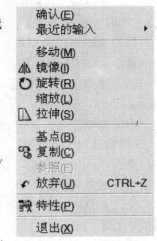

图 3-39 单击右键弹出快捷菜单

（2）修改标高

命令：change

选择对象：找到 1 个

指定修改点或[特性(P)]：P

输入要修改的特性

[颜色(C)/标高(E)/图层(LA)/线型(LT)/线型比例(S)/线宽(LW)/厚度(T)]：E（图 3-41）

  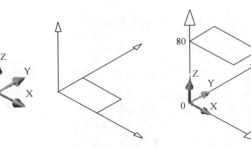

图 3-40 用 CHANGE 命令修改厚度

图 3-41 用 CHANGE 命令修改标高

指定新标高〈0.0000〉：80

3.1.25 用 CHPROP 命令编辑对象

可修改对象的颜色、标高、图层、线型、线型比例、线宽、厚度等。

(1)修改所画线段的厚度

绘制屋脊(图3-42)：

修改所画线段的厚度：

命令：CHPROP(图3-43)

输入要修改的特性[颜色(C)/图层(LA)/线型(LT)/线型比例(S)/线宽(LW)/厚度(T)]：T

指定新厚度〈0.0000〉：30

(2)修改对象的线宽

命令：chprop

选择对象：找到1个

输入要修改的特性[颜色(C)/图层(LA)/线型(LT)/线型比例(S)/线宽(LW)/厚度(T)]：LW

输入新线宽〈ByLayer〉：0.5(图3-44)

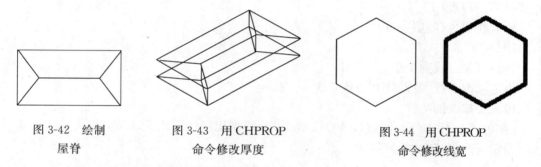

图3-42 绘制屋脊　　图3-43 用CHPROP命令修改厚度　　图3-44 用CHPROP命令修改线宽

3.1.26 双击对象用特性对话框快速编辑对象

双击对象(图3-45)，出现蓝色特殊点及特性对话框，在特性对话框中修改所需项目，线宽为2与颜色为红色(图3-46)，单击关闭，双击ESC。

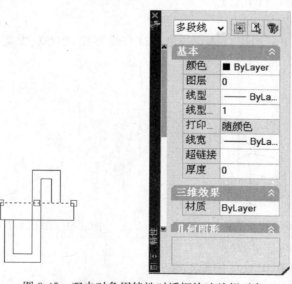

图3-45 双击对象用特性对话框快速编辑对象

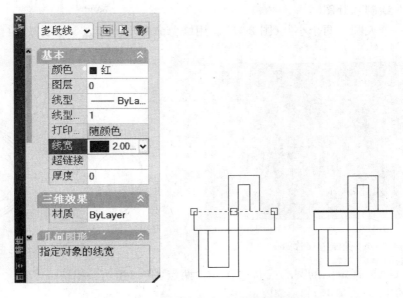

图 3-46　修改线宽为 2，颜色为红色

3.1.27　绘制五星红旗

(1) 五边形中绘制大五角星

命令：_ polygon 输入边的数目〈4〉：5

指定正多边形的中心点或[边(E)]：

输入选项[内接于圆(I)/外切于圆(C)]〈I〉：

指定圆的半径：〈正交　开〉

命令：_ line 指定第一点：

指定下一点或[放弃(U)]：〈正交　关〉(用对象捕捉端点绘制大五角星的 5 条边)

(2) 绘制四颗小五角星

命令：_ scale

选择对象：指定对角点：找到 5 个

定基点：

指定比例因子或[参照(R)]：0.5

(3) 填充颜色及调整相互位置

命令：_ bhatch

选择内部点：正在选择所有对象…

正在选择所有可见对象…

命令：_ move(大五角星移到红旗区域)

选择对象：指定对角点：找到 10 个

指定基点或位移：指定位移的第二点或〈用第一点作位移〉：

命令：_ copy

选择对象：指定对角点：找到 11 个

指定基点或位移，或者[重复(M)]：M(考贝 4 个小五角星移到红旗区域)(图 3-47)

67

3.1.28 绘制八卦图

先绘制一个大圆与两个小圆(图 3-48)。用修剪命令与镜像命令绘制八卦(图3-49)。

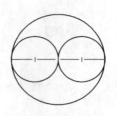
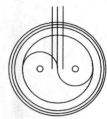

图 3-47 绘制五星红旗　　　　　　　图 3-48 绘制大圆与两个小圆

命令：_ circle 指定圆的圆心或[三点(3P)/两点(2P)/相切、相切、半径
指定圆的半径或[直径(D)]〈42.6326〉：

命令：_ circle 指定圆的圆心或[三点(3P)/两点(2P)/相切、相切、半径(T)]：

指定圆的半径或[直径(D)]〈21.3163〉：

命令：_ circle 指定圆的圆心或[三点(3P)/两点(2P)/相切、相切、半径(T)]：

指定圆的半径或[直径(D)]〈5〉：

命令：_ mirror(镜像鱼眼)

选择对象：找到 1 个

图 3-49 绘制八卦图

指定镜像线的第一点：指定镜像线的第二点：

是否删除源对象？[是(Y)/否(N)]〈N〉：

命令：_ trim

当前设置：投影＝视图，边＝无

选择剪切边…

选择对象：指定对角点：找到 6 个

选择要修剪的对象，按住 Shift 键选择要延伸的对象，或[投影(P)/边(E)/放弃(U)]：

命令：_ bhatch

选择内部点：正在选择所有对象…

命令：_ offset(绘制八卦图)

指定偏移距离或[通过(T)]〈8.0000〉：3

选择要偏移的对象或〈退出〉：

指定点以确定偏移所在一侧：

命令：_ trim

当前设置：投影＝视图，边＝无

选择剪切边…
选择对象：指定对角点：找到7个

3.1.29 绘制弹簧

按尺寸绘制弹簧剖面图(图3-50左图)，镜像后填充钢丝剖面(图3-50右图)。

3.1.30 绘制楼梯

此例是多种编辑的综合应用

(1) 绘制十级踏步(图3-51)

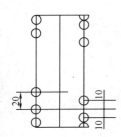  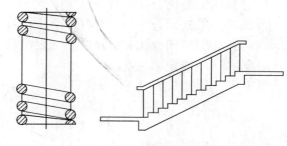

图3-50 弹簧的绘制　　　　　　　　　图3-51 绘制楼梯

命令：_line 指定第一点：0，0
指定下一点或[放弃(U)]：〈正交　开〉1200(休憩平台宽)
指定下一点或[放弃(U)]：300
指定下一点或[闭合(C)/放弃(U)]：150(踏步高)
指定下一点或[闭合(C)/放弃(U)]：300(踏步宽)
指定下一点或[闭合(C)/放弃(U)]：150
指定下一点或[闭合(C)/放弃(U)]：300
命令：_copy(拷贝10十级踏步)
选择对象：指定对角点：找到4个
指定基点或位移，或者[重复(M)]：m
指定基点：指定位移的第二点或〈用第一点作位移〉：〈正交　关〉指定位移的第二点或

(2) 绘制十个栏杆

命令：_line 指定第一点：
指定下一点或[放弃(U)]：〈正交　开〉900(栏杆高)
命令：_copy
选择对象：找到1个
指定基点或位移，或者[重复(M)]：m
指定基点：指定位移的第二点或〈用第一点作位移〉：〈正交　关〉指定位移的第二点或

(3) 绘制扶手

命令：_line 指定第一点：
指定下一点或[放弃(U)]：200(扶手长)
指定下一点或[放弃(U)]：100(扶手宽)
命令：_offset

指定偏移距离或[通过(T)]〈1.0000〉：100

选择要偏移的对象或〈退出〉：

指定点以确定偏移所在一侧：

(4) 绘制休息平台柱子

命令：_line 指定第一点：

指定下一点或[放弃(U)]：1200

指定下一点或[放弃(U)]：120

指定下一点或[闭合(C)/放弃(U)]：1200

指定下一点或[闭合(C)/放弃(U)]：300(柱子长)

指定下一点或[闭合(C)/放弃(U)]：200(柱子宽)

命令：_line 指定第一点：

指定下一点或[放弃(U)]：120

指定下一点或[放弃(U)]：1200

指定下一点或[闭合(C)/放弃(U)]：300

指定下一点或[闭合(C)/放弃(U)]：200

指定下一点或[闭合(C)/放弃(U)]：200

命令：_line 指定第一点：

指定下一点或[放弃(U)]：200

命令：_extend(扶手转弯处延伸修剪整形)

选择对象：指定对角点：找到 2 个

选择要延伸的对象，按住 Shift 键选择要修剪的对象，或[投影(P)/边(E)/放弃(U)]：

命令：_trim

选择对象：指定对角点：找到 2 个

选择要修剪的对象，按住 Shift 键选择要延伸的对象，或[投影(P)/边(E)/放弃(U)]：

(5) 镜像一个楼梯(图 3-52)

命令：_mirror

选择对象：指定对角点：找到 54 个

指定镜像线的第一点：指定镜像线的第二点：〈正交　开〉

是否删除源对象？[是(Y)/否(N)]〈N〉：

(6) 阵列五层楼梯(图 3-53)

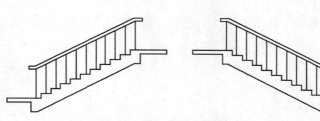

图 3-52　镜像一个楼梯

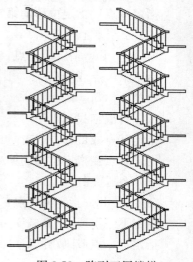

图 3-53　阵列五层楼梯

命令：_array

指定行间距：3000

第二点：〈正交 开〉3000

命令：_array

指定列间距：10000

第二点：〈正交 开〉10000

选择对象：指定对角点：找到 108 个

3.2 各种地板图案

先绘制一个图案，再用 ARRAY 命令完成(图 3-54)。

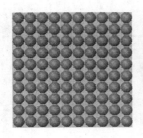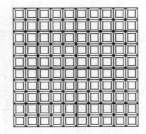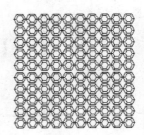

图 3-54 各种地板图案

绘制矩形地板图案

先画一个小四棱台，然后五行，五列阵列(图 3-55)。

命令：_pline

指定下一个点或[圆弧(A)/半宽(H)/长度(L)/放弃(U)/宽度(W)]：100

指定下一点或[圆弧(A)/闭合(C)/半宽(H)/长度(L)/放弃(U)/宽度(W)]：100

指定下一点或[圆弧(A)/闭合(C)/半宽(H)/长度(L)/放弃(U)/宽度(W)]：100

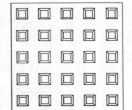

指定下一点或[圆弧(A)/闭合(C)/半宽(H)/长度(L)/放弃(U)/宽度(W)]：100

图 3-55 矩形地板图案

命令：_pline

指定起点：_from 基点：〈偏移〉：@10，10

当前线宽为 0.0000

指定下一个点或[圆弧(A)/半宽(H)/长度(L)/放弃(U)/宽度(W)]：10

指定下一点或[圆弧(A)/闭合(C)/半宽(H)/长度(L)/放弃(U)/宽度(W)]：10

指定下一点或[圆弧(A)/闭合(C)/半宽(H)/长度(L)/放弃(U)/宽度(W)]：10

指定下一点或[圆弧(A)/闭合(C)/半宽(H)/长度(L)/放弃(U)/宽度(W)]：c

命令：_extrude

选择对象：找到 1 个
指定拉伸高度或[路径(P)]：10
指定拉伸的倾斜角度〈0〉：10
命令：_array(图 3-56)
选择对象：指定对角点：找到 1 个

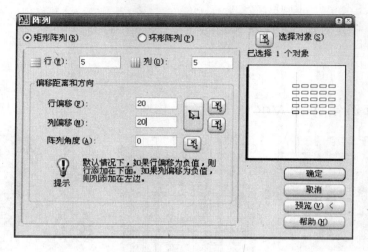

图 3-56 地板图案四棱台阵列对话框

3.3 各种门窗洞图案

用 OFFSET、TRIM 绘制一半图案，再用 MIRROY 命令完成(图 3-57)。

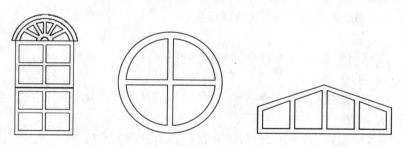

图 3-57 各种门窗洞图案

3.3.1 绘制窗洞图案

各种门窗洞图案画法同上，大多使用 OFFSET、TRIM 等命令，扇形分度用极轴跟踪所设定的角度(图 3-58)。

点击工具，点击草图设置，点击极轴跟踪，设置增量角为 30°(图 3-59 左图)。
命令：_ ray 指定起点：(图心 A)
指定通过点：〈正交 关〉〈极轴开〉〈对象捕捉 关〉
命令：_ offset
指定偏移距离或[通过(T)]〈6.0000〉：2(图 3-59 中图)

选择要偏移的对象或〈退出〉：

指定点以确定偏移所在一侧：

命令：_ circle 指定圆的圆心或［三点(3P)/两点(2P)/相切、相切、半径(T)］：

〈对象捕捉　开〉〈极轴　关〉

指定圆的半径或［直径(D)］：

命令：_ offset

指定偏移距离或［通过（T）］〈2.0000〉：4

选择要偏移的对象或〈退出〉：

指定点以确定偏移所在一侧：

命令：_ trim

当前设置：投影＝视图，边＝无

选择剪切边…

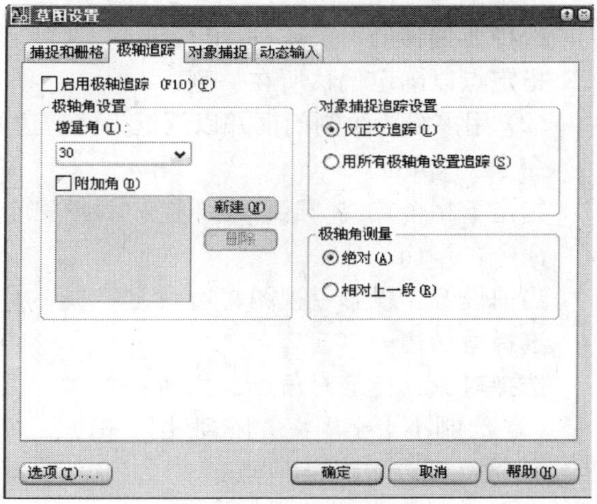

选择对象：指定对角点：找到 13 个

选择要修剪的对象，按住 Shift 键选择要延伸的对象，或［投影（P）/边（E）/放弃（U）］：f

第一栏选点：

指定直线的端点或［放弃(U)］：（图 3-59 右图）

图 3-58　极轴跟踪

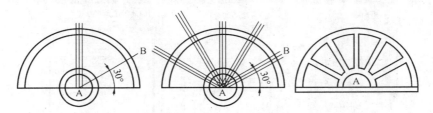

图 3-59　设置增量角为 30°

3.3.2　绘制门洞图案

(1) 用结构线绘制 45°线，用 TRIM 修剪（图 3-60）

命令：_ xline 指定点或［水平(H)/垂直(V)/角度(A)/二等分(B)/偏移(O)］：a

输入构造线角度(0)或［参照(R)］：45

命令：_ offset

指定偏移距离或［通过(T)］〈10.0000〉：

选择要偏移的对象或〈退出〉：

指定点以确定偏移所在一侧：

命令：_ xline 指定点或［水平(H)/垂直(V)/角度(A)/二等分(B)/偏移(O)］：a

输入构造线角度(0)或［参照(R)］：－45（负 45°代表结构线反方向）

命令：_ offset

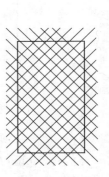

图 3-60　绘制 45°线

指定偏移距离或[通过(T)]〈10.0000〉:
选择要偏移的对象或〈退出〉:
指定点以确定偏移所在一侧:
(2) 用多线段绘制门框并以门框为修剪边修剪不要的对象
命令:_pline
指定下一个点或[圆弧(A)/半宽(H)/长度(L)/放弃(U)/宽度(W)]:
命令:_trim
当前设置：投影＝视图，边＝无
选择剪切边…
选择对象：指定对角点：找到 8 个
(3) 绘制小十字图案并阵列(图 3-61)
命令:_line 指定第一点:
指定下一点或[放弃(U)]:10
指定下一点或[放弃(U)]:10
命令:_move
选择对象：找到 1 个
指定基点或位移：指定位移的第二点或〈用第一点作位移〉:
命令:_array(图 3-62)

图 3-61　绘制小十字图案并阵列

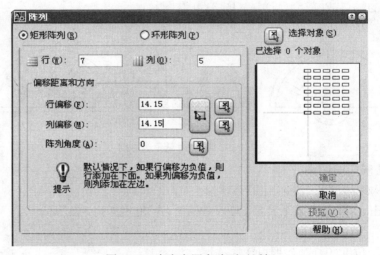

图 3-62　小十字图案阵列对话框

3.4　各种铁艺图案的画法

(1) 绘制十字图案
命令:_pline(图 3-63)
指定下一个点或[圆弧(A)/半宽(H)/长度(L)/放弃(U)/宽度(W)]:〈正交　开〉10
指定下一点或[圆弧(A)/闭合(C)/半宽(H)/长度(L)/放弃(U)/宽度(W)]:10
指定下一点或[圆弧(A)/闭合(C)/半宽(H)/长度(L)/放弃(U)/宽度(W)]:10

指定下一点或[圆弧(A)/闭合(C)/半宽(H)/长度(L)/放弃(U)/宽度(W)]：c
命令：_offset
指定偏移距离或[通过(T)]〈1.0000〉：2
选择要偏移的对象或〈退出〉：
指定点以确定偏移所在一侧：
命令：_line 指定第一点：'_dsettings
指定下一点或[放弃(U)]：10
命令：_mirror
选择对象：找到 1 个
指定镜像线的第一点：指定镜像线的第二点：
是否删除源对象？[是(Y)/否(N)]〈N〉：
命令：_line 指定第一点：
指定下一点或[放弃(U)]：10
命令：_mirror
选择对象：找到 1 个
指定镜像线的第一点：指定镜像线的第二点：
是否删除源对象？[是(Y)/否(N)]〈N〉：
(2) 绘制矩形图案
命令：_offset(图 3-64)
指定偏移距离或[通过(T)]〈2.0000〉：1
选择要偏移的对象或〈退出〉：
指定点以确定偏移所在一侧：
(3) 绘制组合图案
命令：_pline(图 3-65)

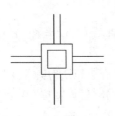  

图 3-63　十字图案　　　图 3-64　矩形图案　　　图 3-65　组合图案

指定下一个点或[圆弧(A)/半宽(H)/长度(L)/放弃(U)/宽度(W)]：10
指定下一点或[圆弧(A)/闭合(C)/半宽(H)/长度(L)/放弃(U)/宽度(W)]：50
指定下一点或[圆弧(A)/闭合(C)/半宽(H)/长度(L)/放弃(U)/宽度(W)]：10
指定下一点或[圆弧(A)/闭合(C)/半宽(H)/长度(L)/放弃(U)/宽度(W)]：c
命令：_array
选择对象：指定对角点：找到 26 个
命令：_array

选择对象：指定对角点：找到 8 个(图 3-66)

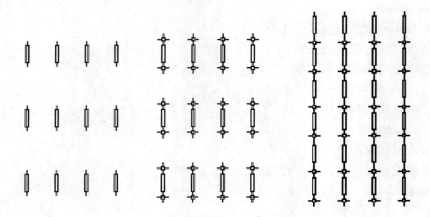

图 3-66　组合图案阵列

各种铁艺栏杆图案
(1) 用有宽度的多段线绘制栏杆，再等分插入
命令：_ pline(图 3-67)
指定下一个点或[圆弧(A)/半宽(H)/长度(L)/放弃(U)/宽度(W)]：w
　　　　指定起点宽度〈0.0000〉：3
　　　　指定端点宽度〈3.0000〉：
　　　　指定下一个点或[圆弧(A)/半宽(H)/长度(L)/放弃(U)/宽度(W)]：〈正交　开〉
　　　　指定下一点或[圆弧(A)/闭合(C)/半宽(H)/长度(L)/放弃(U)/宽度(W)]：10
　　　　指定下一点或[圆弧(A)/闭合(C)/半宽(H)/长度(L)/放弃(U)/宽度(W)]：a
　　　　指定圆弧的端点或

图 3-67　多段线绘制栏杆

[角度(A)/圆心(CE)/闭合(CL)/方向(D)/半宽(H)/直线(L)/半径(R)/第二个点(S)/放弃(U)/宽度(W)]：l

指定下一点或[圆弧(A)/闭合(C)/半宽(H)/长度(L)/放弃(U)/宽度(W)]：20
指定下一点或[圆弧(A)/闭合(C)/半宽(H)/长度(L)/放弃(U)/宽度(W)]：a
指定圆弧的端点或

[角度(A)/圆心(CE)/闭合(CL)/方向(D)/半宽(H)/直线(L)/半径(R)/第二个点(S)/放弃(U)/宽度(W)]：l

指定下一点或[圆弧(A)/闭合(C)/半宽(H)/长度(L)/放弃(U)/宽度(W)]：20
指定下一点或[圆弧(A)/闭合(C)/半宽(H)/长度(L)/放弃(U)/宽度(W)]：a
指定圆弧的端点或

[角度(A)/圆心(CE)/闭合(CL)/方向(D)/半宽(H)/直线(L)/半径(R)/第二个点(S)/放弃(U)/宽度(W)]：l

指定下一点或[圆弧(A)/闭合(C)/半宽(H)/长度(L)/放弃(U)/宽度(W)]：20

指定下一点或[圆弧(A)/闭合(C)/半宽(H)/长度(L)/放弃(U)/宽度(W)]：a

指定圆弧的端点或

[角度(A)/圆心(CE)/闭合(CL)/方向(D)/半宽(H)/直线(L)/半径(R)/第二个点(S)/放弃(U)/宽度(W)]：l

指定下一点或[圆弧(A)/闭合(C)/半宽(H)/长度(L)/放弃(U)/宽度(W)]：20

指定下一点或[圆弧(A)/闭合(C)/半宽(H)/长度(L)/放弃(U)/宽度(W)]：a

指定圆弧的端点或

[角度(A)/圆心(CE)/闭合(CL)/方向(D)/半宽(H)/直线(L)/半径(R)/第二个点(S)/放弃(U)/宽度(W)]：l

指定下一点或[圆弧(A)/闭合(C)/半宽(H)/长度(L)/放弃(U)/宽度(W)]：10

命令：_ line 指定第一点：

指定下一点或[放弃(U)]：200

命令：_ divide

选择要定数等分的对象：

输入线段数目或[块(B)]：4

命令：_ copy(图3-68)

选择对象：指定对角点：找到7个

指定基点或位移，或者[重复(M)]：m

(2) 用PLINE命令绘制，用等分COPY完成(图3-69)

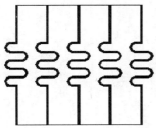  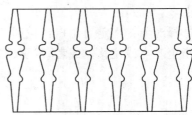

图3-68 等分COPY　　　　　　图3-69 PLINE命令绘制铁艺图案

(3) 用有宽度的多段线绘制栏杆花样，镜像后等分插入

命令：_ pline；(绘制小圆弧)(图3-70)

指定下一个点或[圆弧(A)/半宽(H)/长度(L)/放弃(U)/宽度(W)]：w

指定起点宽度〈0.0000〉：4

指定端点宽度〈4.0000〉：0

指定下一个点或[圆弧(A)/半宽(H)/长度(L)/放弃(U)/宽度(W)]：a

指定圆弧的端点或

[角度(A)/圆心(CE)/闭合(CL)/方向(D)/半宽(H)/直线(L)/半径(R)/第二个点(S)/放弃(U)/宽度(W)]：r(小圆弧半径)

命令：_ mirror

选择对象：指定对角点：找到1个

指定镜像线的第一点：指定镜像线的第二点：

是否删除源对象？[是(Y)/否(N)]〈N〉：
命令：_donut(绘制黑色小圆点)
指定圆环的内径〈10.0000〉：0
指定圆环的外径〈20.0000〉：4
指定圆环的中心点或〈退出〉：
命令：_mirror
选择对象：指定对角点：找到 2 个
指定镜像线的第一点：指定镜像线的第二点：〈正交 开〉
是否删除源对象？[是(Y)/否(N)]〈N〉：
命令：_divide(图 3-71)

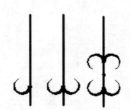

图 3-70 多段线绘制栏杆花样

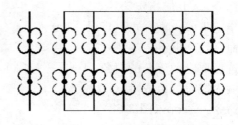

图 3-71 镜像后等分插入

选择要定数等分的对象：
输入线段数目或[块(B)]：6
命令：_copy
选择对象：指定对角点：找到 7 个
指定基点或位移，或者[重复(M)]：m

3.5 绘制印花图案

用 OFFSET、TRIM 绘制一个图案，再用 ARRAY 命令完成(图 3-72)。

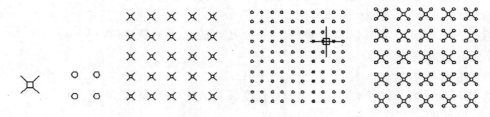

图 3-72 各种印花图案

3.6 绘制窗花图案

用 OFFSET，TRIM 绘制一个花瓣图案，再用 ARRAY 命令完成(图 3-73)、修剪(图

3-74)、绘制一个花瓣(图 3-75)、阵列图案(图 3-76)。

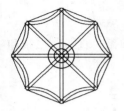  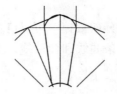 

图 3-73　用弧绘制　　　图 3-74　修剪图案　　　图 3-75　绘制一个花瓣　　　图 3-76　阵列图案

3.7　绘制各种檐口图案

3.7.1　用 PLINE 命令绘制檐口图案(图 3-77)
3.7.2　绘制线角图案

用 PLINE 命令绘制线角图案可参图 3-78。

图 3-77　用 PLINE 命令绘制檐口图案　　　　　图 3-78　绘制线角图案

3.8　上　机　实　验

实验 1　面域操作

1. 目的要求

把直线、多段线、圆、圆弧、椭圆、样条曲线等所围成的封闭图形变为面。面域的特长是可进行布尔运算。

2. 操作指导

点击_ region，点击封闭图形。

实验 2　环形阵列复制时旋转实体

1. 目的要求

环形阵列复制时旋转实体。

2. 操作指导

复制时旋转实体：如果选择该项，则阵列操作所生成的 COPY 进行旋转，如果不选择该项，则阵列操作所生成的 COPY 保持与源对象相同的方向不变，而只改变相对位置。

实验 3 把对象中不要的部分剪裁掉

1. 目的要求

把对象中不要的部分剪裁掉，可以修剪的对象包括圆弧、圆、椭圆弧、直线、二维和三维多段线、射线、样条曲线和构造线。

2. 操作指导

点击修剪图标 ，选择对象，从右上角往左下角选择所有的对象，点击右键，选择要修剪的对象）。

实验 4 把要延伸对象延伸到所需的地方

1. 目的要求

把要延伸对象延伸到所需的地方。

2. 操作指导

点击延伸图标 ，选择延伸到所需的边界，单击右键，选择要延伸的对象，单击右键。

实验 5 合并对象为多段线操作

1. 目的要求

合并对象为多段线。

2. 操作指导

_pedit[闭合(C)/合并(J)/宽度(W)/编辑顶点(E)/拟合(F)/样条曲线(S)/非曲线化(D)/线型生成(L)/放弃(U)]：j(用 J 命令合并多个实体为一个实体)

选择对象：

实验 6 用 CHANGE 命令编辑对象，用 CHPROP 命令编辑对象

1. 目的要求

修改对象的颜色、标高、图层、线型、线型比例、线宽、厚度、块、属性等。

2. 操作指导

输入 change，再输入所需的子命令。

思 考 题

1. 绘制 5 层楼梯。
2. 合并多段线用怎样用什么命令？

3. 绘制胶片图案，主要是阵列与镜像命令的使用(图 3-79)。

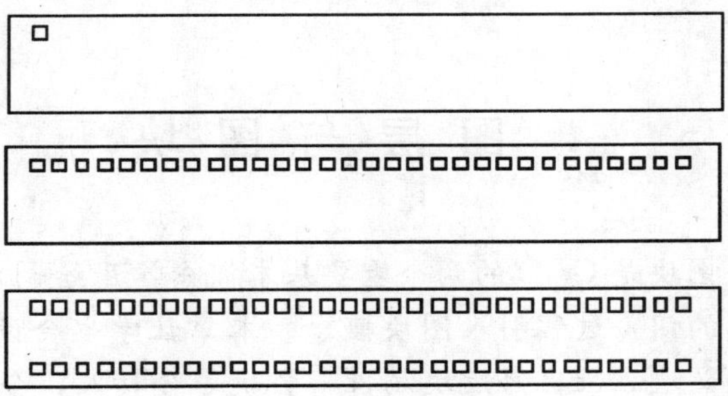

图 3-79

4. 绘制钱币图案，主要是画弧与修剪命令的使用(图 3-80)。

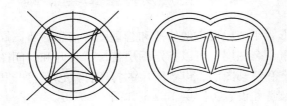

图 3-80

4 图 层 与 图 块

教学要求：图层与图块是 CAD 的两个重要基本概念，用绘制地图的过程引入图层概念，用绘制建筑平面图的门窗过程引入图块概念。本章让学生会设置图层，会设置图块，插入图块，写块，会定义块属性，修改块属性，会块等分插入，会在 CAD 设计中心使用图块库。本讲重点是：图层及块，块属性的概念，块等分插入。

4.1 图层及图层工具条

设置图层绘制图形，用图层可方便修改和管理图形信息。将图层置为当前图层，添加新图层，删除图层和重命名图层。可以指定图层特性、打开和关闭图层、全局地或按视口冻结和解冻图层、锁定和解锁图层、设置图层的打印样式以及打开和关闭图层打印，可以保存和恢复图层状态及特性设置。图层工具条如图 4-1 所示。

图 4-1 图层工具条

4.1.1 用图层绘制建筑平面图步骤

通过建立图层，可以将类型相似的对象绘制在同一张透明图纸上。例如，可以将构造线、文字、标注、门窗、家具等分别绘制在不同的透明图纸上。图层相当于重叠的若干透明图纸。用图层可方便修改和管理图形信息。

（1）设置图层：单击 图标，设置各图层（图 4-2）。

图 4-2 图层管理器对话框

(2) 设结构线层为当前层，绘制结构线(图 4-3)。

命令：_xline 指定点或[水平(H)/垂直(V)/角度(A)/二等分(B)/偏移(O)]：h(绘制水平结构线)

指定通过点：100

指定通过点：50

指定通过点：70

指定通过点：90

指定通过点：40

命令：_xline 指定点或[水平(H)/垂直(V)/角度(A)/二等分(B)/偏移(O)]：v(绘制垂直结构线)

指定通过点：100

指定通过点：90

指定通过点：50

指定通过点：70

指定通过点：30

(3) 设墙线层为当前层，用多线绘制墙线(图 4-4)。

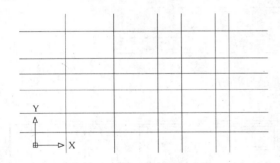

图 4-3　绘制结构线

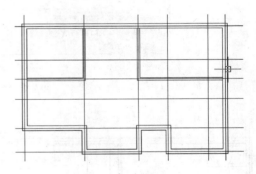

图 4-4　多线绘制墙线

命令：_mline(绘制外墙体)

指定起点或[对正(J)/比例(S)/样式(ST)]：j

输入对正类型[上(T)/无(Z)/下(B)]〈上〉：z

指定起点或[对正(J)/比例(S)/样式(ST)]：s

输入多线比例〈20.00〉：8

指定起点或[对正(J)/比例(S)/样式(ST)]：

指定下一点：〈正交　开〉

指定下一点或[闭合(C)/放弃(U)]：c

命令：_mline(绘制隔墙体)

指定起点或[对正(J)/比例(S)/样式(ST)]：s

输入多线比例〈8.00〉：4

当前设置：对正=无，比例=4.00，样式=STANDARD

指定起点或[对正(J)/比例(S)/样式(ST)]：

指定下一点或[闭合(C)/放弃(U)]：

命令：_mline

指定起点或[对正(J)/比例(S)/样式(ST)]：

指定下一点或[闭合(C)/放弃(U)]：

(4) 设家具层为当前层(图4-5)，绘制家具(图4-6)。

(5) 设标注尺寸层为当前层，标注尺寸(图4-7)。

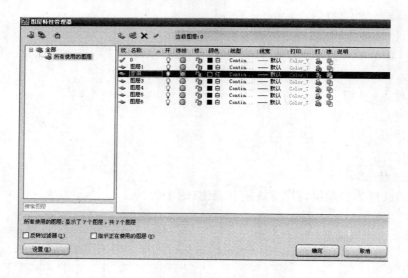

图4-5 设家具层为当前层

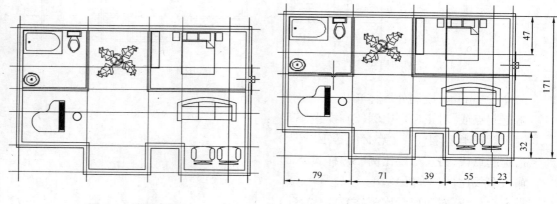

图4-6 绘制家具　　　　　　　　图4-7 标注尺寸

4.1.2 用图块画建筑平面图门窗步骤

在图形中定义块后，根据需要，可多次插入块。用WBLOCK命令可以创建单独的图形文件。方便其他图形文件调用。

(1) 画门窗(图4-8)。

(2) 做门窗块。

单击_block命令 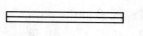，输入块名，单击拾取点，

图4-8 画门窗

在图块上选择插入点,单击选择对象,框选图块,单击确定(图4-9)。

图4-9 做块对话框

(3) 插入门窗块。

单击_insert命令 ,输入块名,单击确定(图4-9)。在对象所需地方插入块。在插入块时,确定块的位置、比例因子和旋转角度(图4-10)。改变不同的X、Y和Z的值可以使块在X、Y和Z方向的比例得到改变。

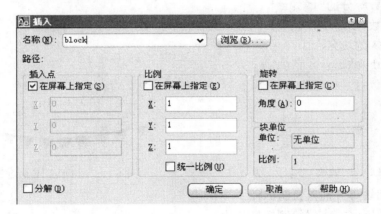

图4-10 插入块对话框

命令:_block 指定插入基点:

选择对象:指定对角点:找到5个

命令:_insert

指定插入点或[比例(S)/X/Y/Z/旋转(R)/预览比例(PS)/PX/PY/PZ/预览旋转(PR)]:_from

基点:〈偏移〉:〈正交 关〉100〈正交 开〉

命令:_block 指定插入基点:(见图4-11)

选择对象:找到1个

选择对象:找到1个,总计2个

命令:_insert

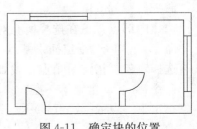

图4-11 确定块的位置

指定插入点或[比例(S)/X/Y/Z/旋转(R)/预览比例(PS)/PX/PY/PZ/预览旋转(PR)]：

4.2 绘制块并插入

4.2.1 绘制标高块并插入

命令：_ block 指定插入基点：

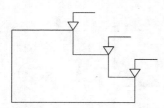

选择对象：指定对角点：找到 5 个

命令：_ insert

指定插入点或[比例(S)/X/Y/Z/旋转(R)/预览比例(PS)/PX/PY/PZ/预览旋转(PR)]：(图 4-12)。

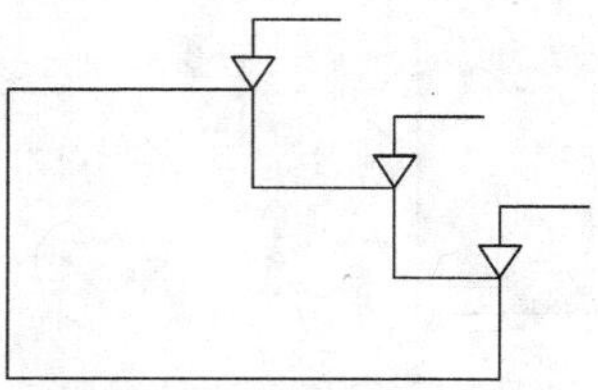

4.2.2 块等分插入

可以沿着选定的对象以等间隔插入块。用 MEASURE 命令以等分间距插入块，用 DIVIDE 命令以均匀间距插入块。

图 4-12 绘制标高块并插入

命令：_ block 指定插入基点：

选择对象：指定对角点：找到 5 个(图 4-13)。

命令：_ divide

选择要定数等分的对象：

输入线段数目或[块(B)]：B

输入要插入的块名：B1

是否对齐块和对象？[是(Y)/否(N)]〈Y〉：

输入线段数目：12(图 4-14)。

图 4-13 做块

图 4-14 用 DIVIDE 命令等分插入块

4.2.3 用块等分插入绘制标杆

命令：_ mline(用多线绘制标杆与块)

指定起点或[对正(J)/比例(S)/样式(ST)]：

指定下一点：

命令：_ line 指定第一点：

指定下一点或[放弃(U)]：

命令：_ bhatch

选择内部点：正在选择所有对象…

命令：_ block 指定插入基点：

选择对象：指定对角点：找到 4 个

命令：_ line 指定第一点：

指定下一点或[放弃(U)]：

命令：_ divide

选择要定数等分的对象：（点击所示虚线）
输入线段数目或[块(B)]：B
输入要插入的块名：B2
是否对齐块和对象？[是(Y)/否(N)]〈Y〉：
输入线段数目：5(图4-15)。

4.2.4 用块等分插入绘制涵洞

命令：_divide
选择要定数等分的对象：
输入线段数目或[块(B)]：B
输入要插入的块名：B3
是否对齐块和对象？[是(Y)/否(N)]〈Y〉：
输入线段数目：5
DIVIDE
选择要定数等分的对象：
输入线段数目或[块(B)]：
输入线段数目或[块(B)]：B
输入要插入的块名：B3
是否对齐块和对象？[是(Y)/否(N)]〈Y〉：
输入线段数目：4(图4-16)

4.2.5 用块等分插入绘制水槽

命令：_divide
选择要定数等分的对象：
输入线段数目或[块(B)]：B
输入要插入的块名：B4
是否对齐块和对象？[是(Y)/否(N)]〈Y〉：
输入线段数目 20(图4-17)。

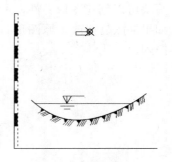

图 4-15　绘制标杆

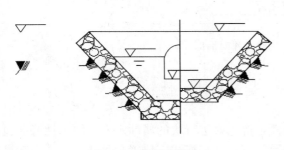

图 4-16　绘制涵洞

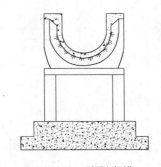

图 4-17　绘制水槽

4.3　写块操作

如果所作的块需作为文件保留，以便其他文件调用，那么还需写块操作 WBLOCK。

写块可以创建图形文件，可作为块插入到其他图形中，并可以作为单独的图形文件存储。如果插入后修改了原图形，希望所作的更改反映到原图形中，则块文件要作为外部参照插入。

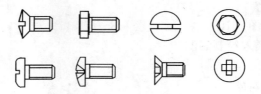

图 4-18　写块操作

在命令行输入 WBLOCK，单击回车。选中（图 4-18），输入文件名，单击确定（图4-19）。

图 4-19　写块操作对话框

4.4　什么是块属性

属性就是块的文字说明。要创建块属性，首先要进行块的属性定义。块属性特征包括标记，标记就是块名。插入块时显示的提示、值、文字格式、位置和可选模式。创建属性定义之后，在定义块时将属性块选为对象。然后，插入块时，CAD 就会在命令行使用你设计的提示信息，并等待你输入属性。对每个新的插入块，输入不同的属性值。要同时使用几个属性，先定义这些属性，然后将它们包括在同一个块中。注意：先定义属性，再做块，最后插入。

4.4.1 表面粗糙度数字属性的标注

表面粗糙度数字属性的标注如图 4-20 所示。

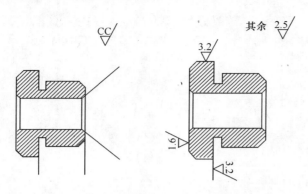

图 4-20 表面粗糙度数字属性的标注

单击绘图，单击块，单击定义属性(图 4-21)。

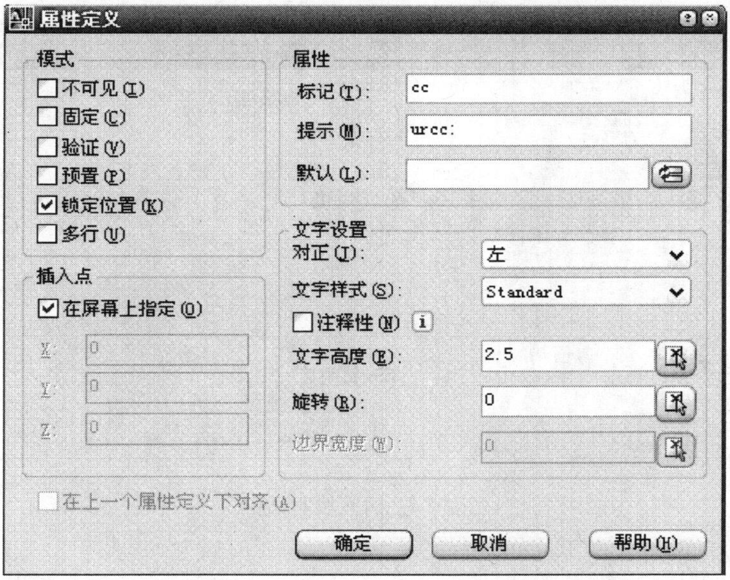

图 4-21 属性定义对话框

单击绘图，单击块(图 4-22)。
单击绘图工具条插入块图标(图 4-23)。
命令：_attdef
命令：_block 指定插入基点：
选择对象：指定对角点：找到 5 个
命令：_insert
指定插入点或[比例(S)/X/Y/Z/旋转(R)/预览比例(PS)/PX/PY/PZ/预览旋转(PR)]：
输入属性值

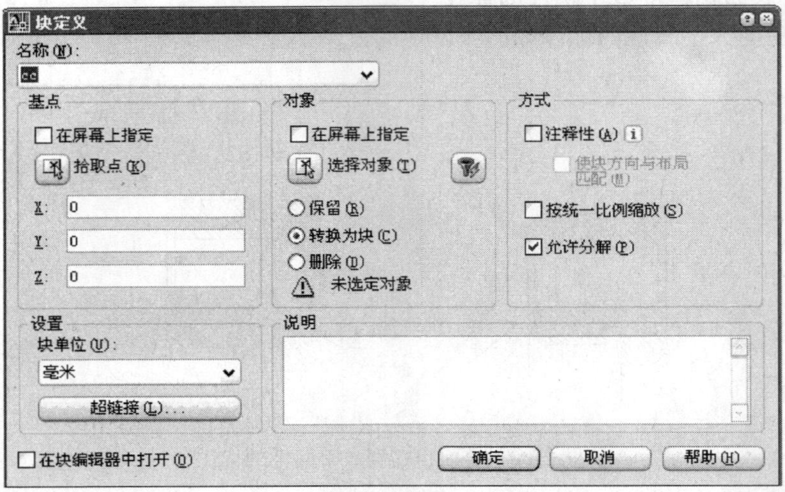

图 4-22 定义块对话框

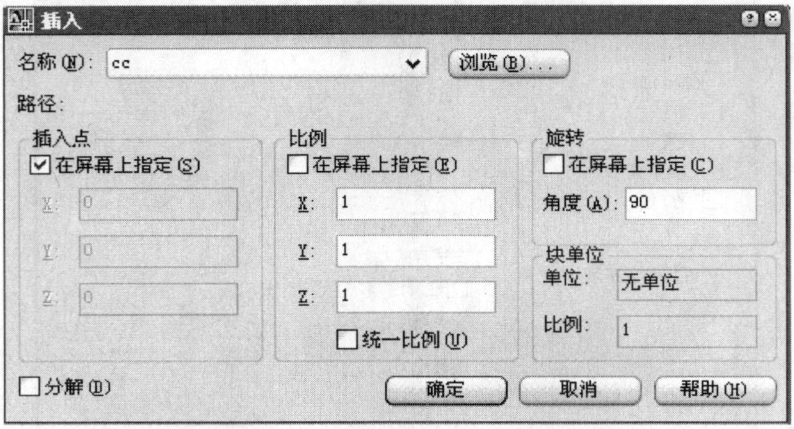

图 4-23 插入块对话框

urcc：〈25〉：3.2

（同上述方法输入属性值 1.6，3.2，2.5）

命令：_dtext

当前文字样式：Standard 当前文字高度：8.0000

指定文字的起点或[对正(J)/样式(S)]：

指定高度〈8.0000〉：

指定文字的旋转角度〈0〉：

输入文字：其余

4.4.2 标高数字属性的标注

命令：_insert

指定插入点或[比例(S)/X/Y/Z/旋转(R)/预览比例(PS)/PX/PY/PZ/预览旋转(PR)]：

输入属性值

urlm：〈0〉：2500

INSERT

指定插入点或［比例（S）/X/Y/Z/旋转（R）/预览比例（PS）/PX/PY/PZ/预览旋转（PR）］：

（同上述方法输入属性值：3500，6500，9500，12500）（图4-24）

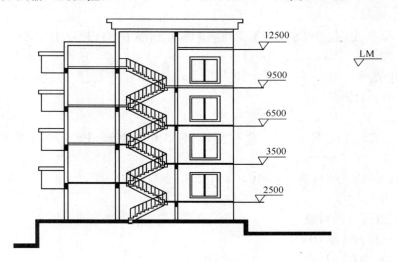

图 4-24　标高数字属性的标注

4.4.3　IC 数字属性的标注

先定义属性，再做块，最后插入（图4-25）。

（定义 JJ 属性）

命令：_attdef

命令：_block 指定插入基点：

选择对象：指定对角点：找到 2 个

选择对象：

（用 block 命令做 JJ 块）

（用 INSERT 命令插入带属性 JJ 块）

INSERT

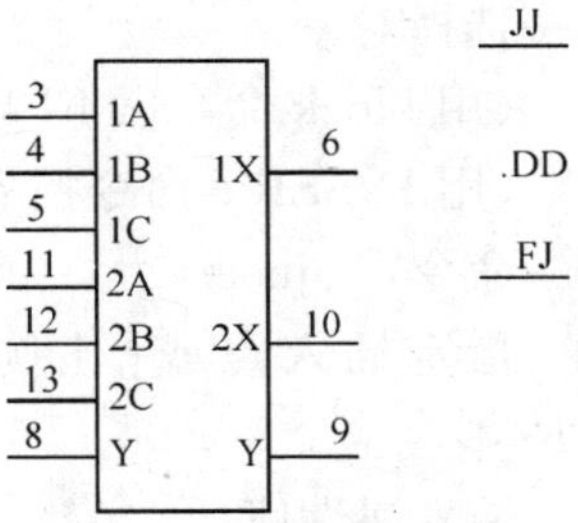

指定插入点或［比例（S）/X/Y/Z/旋转（R）/预览比例（PS）/PX/PY/PZ/预览旋转（PR）］：

图 4-25　IC 数字属性的标注

输入属性值

urjj：〈0〉：3

INSERT

指定插入点或［比例（S）/X/Y/Z/旋转（R）/预览比例（PS）/PX/PY/PZ/预览旋转（PR）］：

（同上述方法输入属性值：4，5，11，12，13，8）

（定义 DD 属性）

命令：_attdef

命令：_block 指定插入基点：

选择对象：指定对角点：找到 2 个

选择对象：

（用 block 命令做 DD 块）

（用 insert 命令插入带属性 DD 块）

命令：_insert

指定插入点或[比例（S）/X/Y/Z/旋转（R）/预览比例（PS）/PX/PY/PZ/预览旋转（PR）]：

输入属性值

urdd：〈0〉：1A

INSERT

指定插入点或[比例（S）/X/Y/Z/旋转（R）/预览比例（PS）/PX/PY/PZ/预览旋转（PR）]：

（同上述方法输入属性值 1B，1C，2A，2B，2C，Y）

命令：_divide

选择要定数等分的对象：

输入线段数目或[块（B）]：4

（定义 FJ 属性）

命令：_attdef

命令：_block 指定插入基点：

选择对象：指定对角点：找到 2 个

选择对象：

（用 block 命令做 FJ 块）

（用 INSERT 命令插入带属性 FJ 块）

命令：_insert

指定插入点或[比例（S）/X/Y/Z/旋转（R）/预览比例（PS）/PX/PY/PZ/预览旋转（PR）]：

输入属性值

URFJ：〈0〉：6

INSERT

指定插入点或[比例（S）/X/Y/Z/旋转（R）/预览比例（PS）/PX/PY/PZ/预览旋转（PR）]：

输入属性值

URFJ：〈0〉：10

INSERT

指定插入点或[比例（S）/X/Y/Z/旋转（R）/预览比例（PS）/PX/PY/PZ/预览旋转（PR）]：

输入属性值

URFJ：〈0〉：9
命令：_ dtext
当前文字样式：Standard 当前文字高度：3.5000
指定文字的起点或[对正(J)/样式(S)]：
指定高度〈3.5000〉：
输入文字：1X
输入文字：2X
输入文字：Y

4.4.4 办公桌名字属性的标注
命令：_ attdef
命令：_ block 指定插入基点：〈对象捕捉 开〉
选择对象：指定对角点：找到 2 个
命令：_ insert
指定插入点或[比例(S)/X/Y/Z/旋转(R)/预览比例(PS)/PX/PY/PZ/预览旋转(PR)]：
输入属性值
输入办公桌的名字：〈0〉：张三
命令：_ insert
指定插入点或[比例(S)/X/Y/Z/旋转(R)/预览比例(PS)/PX/PY/PZ/预览旋转(PR)]：
(同上述方法输入属性值：王五，李四，武六，唐七，付九)(图 4-26)

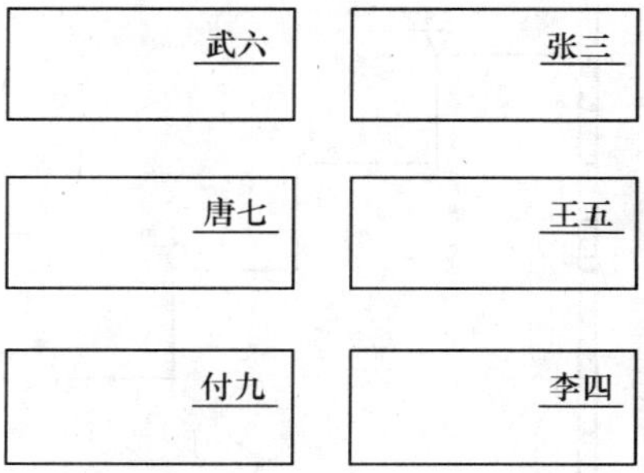

4.4.5 修改属性
点击 EATTEDIT，或点击修改，点击对象，点击属性(图 4-27)。

将图 4-27 的值修改为 100，点击确定，选择图 4-29 要修改的属性 300，即可得到新的数值(图 4-30)。

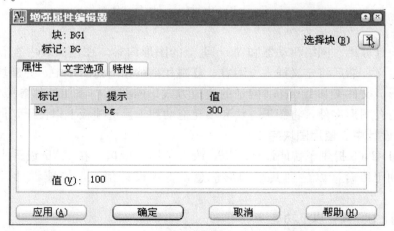

图 4-26 办公桌名字属性的标注

图 4-27 修改属性对话框

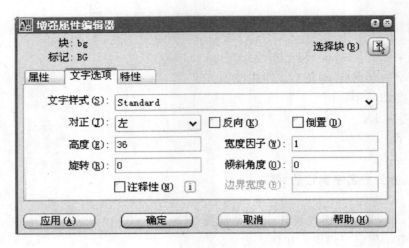

图 4-28　文字选项对话框

同理，点击文字选项，将高度值修改为 36（图 4-28），点击确定，选择要修改的属性即可。

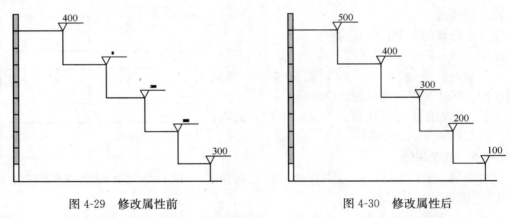

图 4-29　修改属性前　　　　　　　　　　图 4-30　修改属性后

4.5　设计中心的用途

浏览用户计算机、网络驱动器和 Web 页上的图形内容。在定义表中查看图形文件中命名对象的定义，然后将定义插入、附着、复制和粘贴到当前图形中，更新块定义，创建指向常用图形、文件夹和 Internet 网址的快捷方式，向图形中添加外部参照、块和填充，在新窗口中打开图形文件，将图形、块和填充拖动到工具选项板上以便于访问。

4.5.1　设计中心使用图块库

AutoCAD 2008 提供了智能设计环境，改善了用户接口，在 CAD 设计中心采集建筑图形信息并加于组合，以达到共享图形信息，管理设计信息，快速设计，快速绘图的目的。

CAD 设计中心具有以下功能：

（1）可集中管理图块引用。

(2) 可外部引用,如图形布局、图层、线型、标注样式、文本样式、光栅图形等。

(3) 可直接打开图形并浏览。

将图形作为图块拖动插入当前文件中,还可将图形作为外部参照拖动复制到剪贴板上。将一个完整的图形文件插入到其他图形中时,AutoCAD 将把图形作为块复制到当前图形中。插入的外部参照具有不同位置、比例和旋转角度的块定义。

(4) 可进行图形文件传送。

可同时打开多个图形文件并通过文件之间的拷贝、粘贴、删除来进行图形文件传送。使用设计中心从当前图形或其他图形中插入块。拖放块名放置,双击块名以指定块的精确位置、旋转角度和比例。

4.5.2 使用CAD设计中心设计绘制建筑物及进行图形组合的步骤

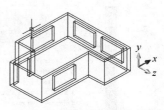

图 4-31 绘制建筑物的墙体

(1) 绘制建筑物的墙体(图 4-31)。

(2) 将建筑物的地基,门窗,楼梯,屋顶等实体做成块(图 4-32)。

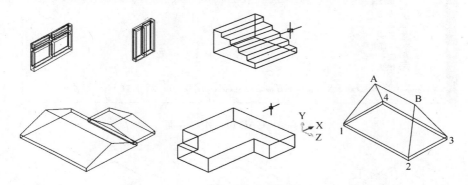

图 4-32 将建筑物各实体做成块

(3) 将块插入墙体各位置。

例如,插入块后的图形以.dwt 为后缀,以 TZT 为文件名存盘(图 4-33)。

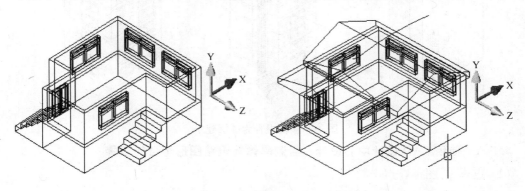

图 4-33 TZT.dwt 图形文件

(4) 使用 CAD 设计中心,用(图 4-32)所示块组合高层建筑。

点击设计中心图标 ,打开 TZT 图形文件,双击块图标,CAD 界面左侧显示各个块的图案,将图块拖动到 CAD 界面右侧绘图区(图 4-34),组合为高层建筑(图 4-35),以 .dwt 为后缀,以 TGT 为文件名存盘。使用 CAD 设计中心,用以上高层建筑作为外部引用组合建筑小区,点击设计中心图标,打开 TGT 图形文件,点击外部引用,CAD 界面左侧显示各个外部引用的图标,将外部引用的图标拖动到 CAD 界面右侧绘图区组合建筑小区。

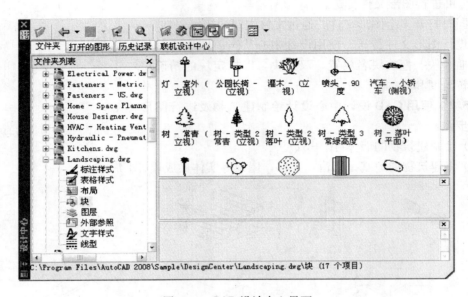

图 4-34　CAD 设计中心界面

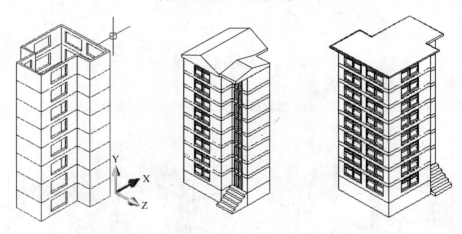

图 4-35　块组合为高层建筑

4.5.3　使用 CAD 设计中心设计,绘制晶体管电路图形组合的步骤

(1) 点击▦图标,点击❈。

(2) 点击 Design Center(图 4-36)。

(3) 选择所需文件,双击▦(图 4-37)。

(4) 选择所需图块(图 4-38),将所需图块拖放到 CAD 绘图区域即可(图 4-39 左图)。

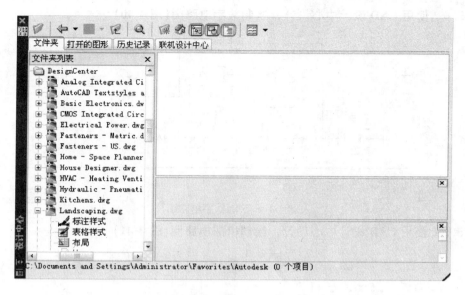

图 4-36　Design Center

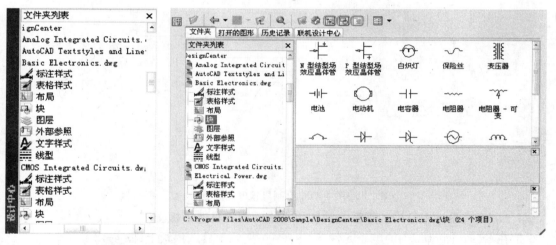

图 4-37　选择所需文件　　　　　　图 4-38　选择所需图块

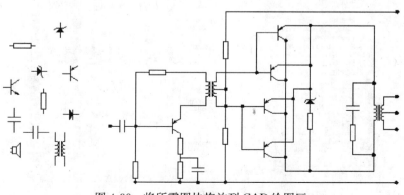

图 4-39　将所需图块拖放到 CAD 绘图区

4.5.4 使用CAD设计中心设计，绘制数字电路图(图4-40)

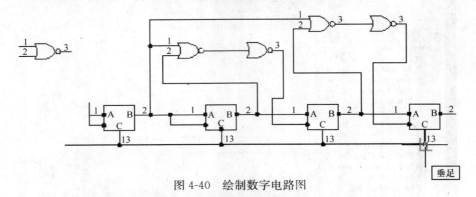

图4-40 绘制数字电路图

4.5.5 使用CAD设计中心设计，绘制机床电路图(图4-41)

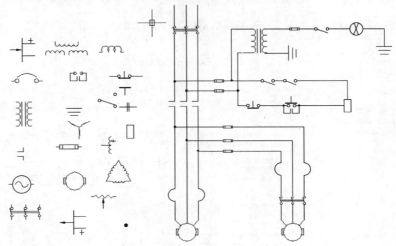

图4-41 绘制机床电路图

4.5.6 将设计中心中的图形、块和填充拖动到工具选项板上

把在Designcenter中的电子元件Silicon……拖到工具选项板上(图4-42)。

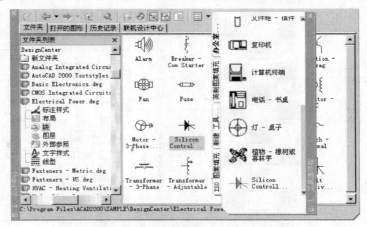

图4-42 将图形、块和填充拖动到工具选项板上

小结：设计中心Design Center可以对块、填充、外部参照和其他图形内容进行访问。可以将图形中的任何内容拖动到当前图形中。可以将图形、块和填充拖动到工具选项板上。图形可以位于用户的计算机上、网络位置或网站上。另外，如果打开了多个图形，则可以通过设计中心在图形之间复制和粘贴。这样可以简化绘图过程。

4.6 外部参照与插入外部参照

插入外部参照可以把几份图纸合并为一张图纸，便于修改、编辑与拼图。例如，可按以下操作在主图中（图4-43）插入ABCD.DWG与KK3.DWG两张副图。

单击插入，单击外部参照（图4-44）。选择要插入的ABCD.DWG文件，单击打开（图4-45），在外部参照对话框中单击确定（图4-46），把副图ABCD.DWG在主图适当的地方插入（图4-47）。

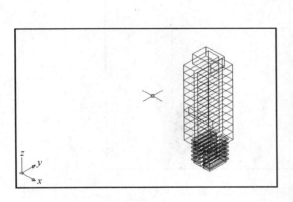

图4-43 主图　　　　　　　　图4-44 外部参照菜单

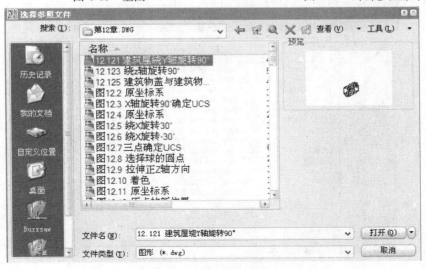

图4-45 选择要插入的文件

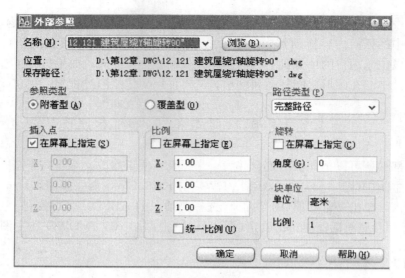

图 4-46 外部参照对话框

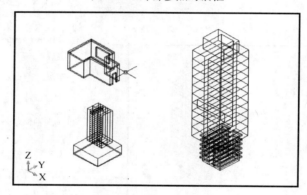

图 4-47 把副图 ABCD.dwg 插入到主图中

同理，可按图 4-48 所示主图中再插入 kk3.dwg 图形。

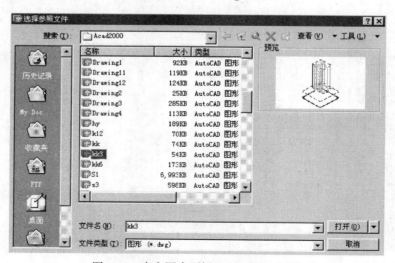

图 4-48 在主图中再插入 kk3.dwg 图形

4.7 上机实验

实验1 用图层画建筑平面图

1. 目的要求

通过建立图层，可以将构造线、文字、标注、门窗、家具等分别绘制在不同的透明图纸上。图层相当于重叠的透明图纸。用图层可方便修改和管理图形信息。

2. 操作指导

设置图层，绘制结构线，用多线绘制墙线，绘制家具，标注尺寸。

实验2 用图块画建筑平面图门窗

1. 目的要求

用图块画建筑平面图门窗。

2. 操作指导

第一步画门窗，第二步做门窗块，第三步插入门窗块。

实验3 三维图块的等分插入

1. 目的要求

可以沿着选定的三维对象以等间隔插入块，用 MEASURE 命令以等分间距插入块，用 DIVIDE 命令以均匀间距插入块。

2. 操作指导

沿路径等分插入栏杆，建立凉台模型。

在右视图上用多段线绘制栏杆（图 4-49），用旋转命令 旋转栏杆多段线（图4-50），在俯视图上绘制栏杆路径做栏杆块（图 4-51），沿路径等分插入栏杆块（图4-52），在俯视图上绘制栏杆扶手（图 4-53），拉伸栏杆扶手（图 4-54）。

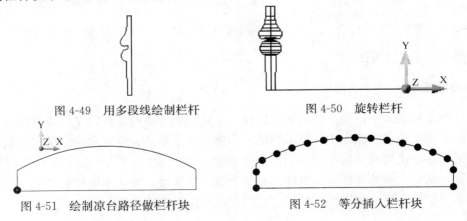

图 4-49 用多段线绘制栏杆　　　　图 4-50 旋转栏杆

图 4-51 绘制凉台路径做栏杆块　　　图 4-52 等分插入栏杆块

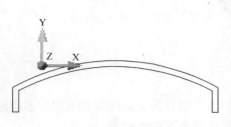
图 4-53 栏杆扶手

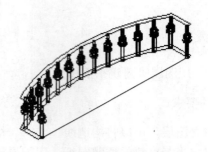
图 4-54 凉台模型轴测图

实验 4 绘制圆形支架屋顶

1. 目的要求

将支架块等分插入

2. 操作指导

在右视图上绘制支架截面(图 4-55)，拉伸支架截面(图 4-56)，在俯视图上绘制圆(图 4-57)，将支架作块(图 4-58)，将支架块等分插入(图 4-59)，渲染图(图 4-60)。

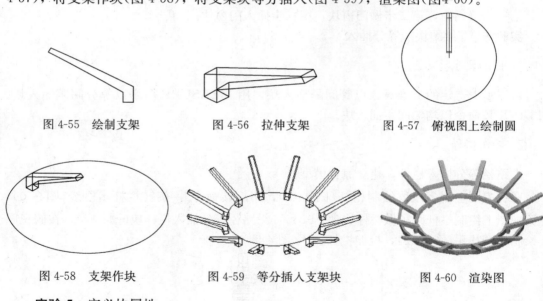

图 4-55 绘制支架　　图 4-56 拉伸支架　　图 4-57 俯视图上绘制圆

图 4-58 支架作块　　图 4-59 等分插入支架块　　图 4-60 渲染图

实验 5 定义块属性

1. 目的要求

属性就是块的文字说明。要创建块属性，首先要进行块的属性定义。块属性特征包括标记，标记就是块名。插入块时显示的提示、值、文字格式、位置和可选模式。创建属性定义之后，在定义块时将属性块选为对象。然后，插入块时，CAD 就会在命令行使用你设计的提示信息，并等待你输入属性。对每个新的插入块，输入不同的属性值。要同时使用几个属性，先定义这些属性，然后将它们包括在同一个块中。

2. 操作指导

先定义属性，再作块，再插入。

实验 6 设计中心使用图块库

1. 目的要求

AutoCAD 2008 提供了智能设计环境，改善了用户接口，在 CAD 设计中心采集建筑图形信息并加于组合，以达到共享图形信息，管理设计信息，快速设计，快速绘图的目的。

CAD 设计中心功能：

可集中管理图块引用，外部引用，图形布局，图层，线型，标注样式，文本样式，光栅图形等。

可直接打开图形并浏览，将图形作为图块拖动插入当前文件中，还可将图形作为外部参照拖动复制到剪贴板上。将一个完整的图形文件插入到其他图形中时，AutoCAD 将把图形作为块复制到当前图形中。插入的外部参照具有不同位置、比例和旋转角度的块定义。

可进行图形文件传送，可同时打开多个图形文件并通过文件之间的拷贝，粘贴，删除来进行图形文件传送。使用设计中心从当前图形或其他图形中插入块。拖放块名放置。双击块名以指定块的精确位置、旋转角度和比例。

2. 操作指导

点击设计中心图标，在对话框中按所需命令操作。

思 考 题

1. 怎样定义属性？怎样修改属性？
2. 怎样插入外部参照？把几份图纸合并为一张图纸，怎样操作？
3. 怎样将设计中心中的图形、块和填充拖动到工具选项板上？
4. 怎样沿着选定的对象以等间隔插入块？

5 尺寸与文字标注

教学要求：绘制完图形后，最后的工作就是尺寸与文字标注，用尺寸四要素的修改引入尺寸标注的概念，用在标题栏中书写汉字引入文字标注的概念。本章让学生学会线性标注，对齐标注，坐标标注，半径与直径标注，角度标注，引出标注，基准与连续标注，圆心标注，公差标注，标注间距，折断标注，折弯标注，多重引线标注，检验标注。另外，学会尺寸四要素及相对位置的编辑，学会文字标注。本讲重点是：尺寸与文字标注及编辑。

5.1 尺寸标注概论

设置标注样式或编辑尺寸标注可以控制尺寸四要素的大小及相对位置。可以在图形中标注尺寸，可以修改图形中现有标注对象的所有要素（图 5-1）。为了便于调用标注样式，在保存标注样式设置之前，可以将这些设置存储在标注样式中。

（1）尺寸四要素（图 5-2）

（2）修改尺寸四要素及相对位置（图 5-3）

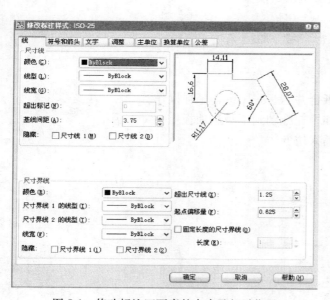

图 5-1 修改标注四要素的大小及相对位置

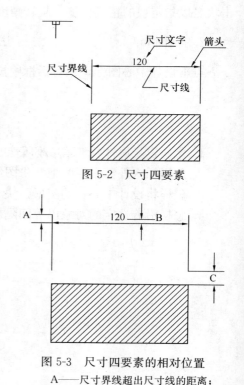

图 5-2 尺寸四要素

图 5-3 尺寸四要素的相对位置
A——尺寸界线超出尺寸线的距离；
B——尺寸文字离尺寸线的距离；
C——尺寸界线离实体的距离

（3）创建新的标注样式

创建新的标注样式，单击 设置当前标注样式、修改标注样式、替代标注样式以及比较标注样式。

当前标注样式：为所有标注都指定了样式。如果未更改当前样式，CAD 将为标注指定为 STANDARD 样式，当前样式被亮显。要将某样式置为当前，选择该样式并选择"置为当前"。创建新的标注样式，在"样式"列表中选中样式名，单击右键显示快捷菜单，可用于设置当前标注样式、重命名样式和删除样式。

（4）尺寸标注过程

尺寸标注前要设置标注样式，建立专用图层，采用 1∶1 绘图，CAD 自动测量尺寸大小，不需换算。尺寸标注前要设置标注文字样式及尺寸标注样式。

（5）设置标注样式

单击 ，单击"新建"（图 5-4）。

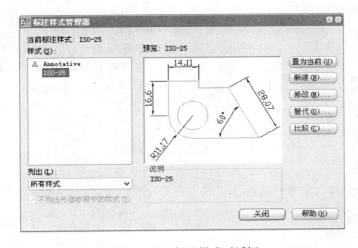

图 5-4　设置标注样式对话框

在新样式名中输入"我的标注样式"（图 5-5）。单击"继续"，在新建标注样式对话框中设置，修改尺寸四要素，单击确定，单击关闭，这时，"我的标注样式"已建立，以后打开

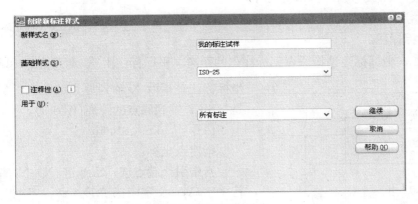

图 5-5　我的标注样式

保存有"我的标注样式"的图形时,可以直接调用调用"我的标注样式",不必重新设置标注样式。

5.2 尺寸标注工具条

尺寸标注工具条如图 5-6 所示。

图 5-6 尺寸标注工具条

(1) 线性标注

单击 ⊢┤,指定第一与第二尺寸界线原点,在点击尺寸线位置之前,可编辑文字、文字角度或尺寸线角度(图 5-7)。

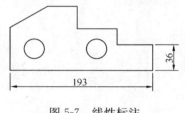

图 5-7 线性标注

命令:_ dim linear
指定第一条尺寸界线原点或〈选择对象〉:
指定第二条尺寸界线原点:指定尺寸线位置或
[多行文字(M)/文字(T)/角度(A)/水平(H)/垂直(V)/旋转(R)]:T
标注文字 =193
(同上述方法标注文字 36)

(2) 对齐标注

单击 ⌕,创建与对象平行的标注。在点击尺寸线位置之前,可编辑文字、文字角度,在对齐标注中,尺寸线平行于尺寸界线原点连成的直线(图 5-8)。

命令:_ dim aligned
指定第一条尺寸界线原点或〈选择对象〉:
指定第二条尺寸界线原点:
指定尺寸线位置或
[多行文字(M)/文字(T)/角度(A)]:T
标注文字 =59

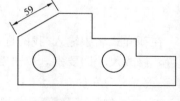

图 5-8 对齐标注

(3) 坐标标注

单击 ⌕,坐标标注是指原点到标注点的距离。坐标标注由 X 或 Y 值和引线组成。X 坐标标注是指沿 X 轴到原点的距离。Y 坐标标注是指沿 Y 轴到原点的距离(图 5-9)。

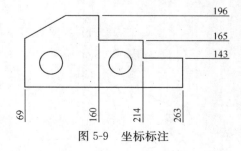

图 5-9 坐标标注

命令:_ dim ordinate
指定点坐标:
指定引线端点或 [X 基准(X)/Y 基准(Y)/多行文字(M)/文字(T)/角度(A)]:T〈正交 开〉
标注文字 =69

(同上述方法标注文字 160，214，263，143，165，196)

(4) 半径与直径标注

半径标注与直径标注(图 5-10)，用中心线或中心标记来标注圆弧和圆的半径和直径。中心标记和中心线仅应用到直径和半径标注。如果直径和半径标注的"文字位置"设置"在尺寸线之上带引线"，则半径标注或直径标注带有引线。

命令：_ dim radius

选择圆弧或圆：

标注文字 =14

指定尺寸线位置或 [多行文字(M)/文字(T)/角度(A)]：T

命令：_ dim diameter

选择圆弧或圆：

标注文字 =28

指定尺寸线位置或 [多行文字(M)/文字(T)/角度(A)]：T

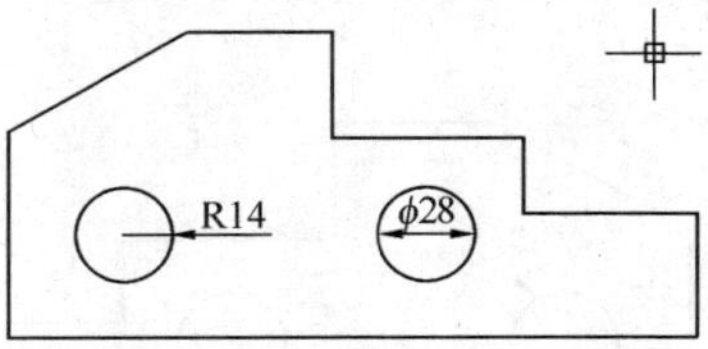

图 5-10　半径与直径标注

(5) 角度标注

单击 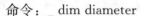，角度标注是指两条直线或三个点之间的角度。标注圆心角时，先点击圆，然后指定角度端点。对于其他对象，需要先选择对象然后指定标注位置。还可以通过指定角度顶点和端点标注角度。标注时，可以在指定尺寸线位置之前修改文字内容和对齐方式。

命令：_ dim angular

选择圆弧、圆、直线或〈指定顶点〉：

选择第二条直线：

指定标注弧线位置或 [多行文字(M)/文字(T)/角度(A)]：T

标注文字 =120

(同上述方法标注文字 150，90，97)(图 5-11)。

指定角度顶点和端点标注角度：

点击三角形顶点，然后依次点击三角形的另外两个顶点后，自动标注(图 5-12)。

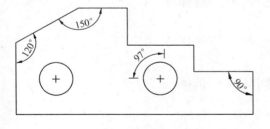

图 5-11　角度标注

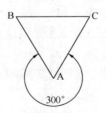

图 5-12　指定角度顶点和端点标注角度

命令：_ dim angular

选择圆弧、圆、直线或〈指定顶点〉：

指定角的顶点：A

指定角的第一个端点：B

指定角的第二个端点：C

指定标注弧线位置或［多行文字(M)/文字(T)/角度(A)］：T
标注文字 =300
（6）引出标注

单击 ，引线由样条曲线或直线和箭头组成。可使用标注系统变量设置引线格式，使用 DIMTAD 系统变量将文字置于引线的上方。

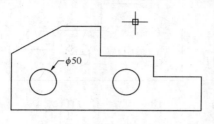

命令：_ leader
指定第一个引线点或［设置(S)］〈设置〉：
指定下一点：〈正交 关〉
指定文字宽度〈0.764〉：40
输入注释文字的第一行〈多行文字(M)〉：%%c50
（图 5-13）。
输入注释文字的下一行：

图 5-13 引出标注

（7）基准标注

单击 ，基线标注和连续标注都以一基线为标准的多个标注。在创建基线或连续标注之前，必须先用线性标注标注第一个尺寸界线，然后依次点击基线标注和连续标注的尺寸界线测量处，因为基线标注和连续标注都是从上一个尺寸界线处测量的。同理，角度标注与对齐标注在创建基线或连续标注之前，都要先标注第一个尺寸界线。

命令：_ dim linear
指定第一条尺寸界线原点或〈选择对象〉：
指定第二条尺寸界线原点：指定尺寸线位置或
［多行文字(M)/文字(T)/角度(A)/水平(H)/垂直(V)/旋转(R)］：T
标注文字 =51
命令：_ dim baseline
指定第二条尺寸界线原点或［放弃(U)/选择(S)］〈选择〉：
标注文字 =91
指定第二条尺寸界线原点或［放弃(U)/选择(S)］〈选择〉：
标注文字 =145
指定第二条尺寸界线原点或［放弃(U)/选择(S)］〈选择〉：
标注文字 =193
指定第二条尺寸界线原点或［放弃(U)/选择(S)］〈选择〉：
命令：_ dim linear
指定第一条尺寸界线原点或〈选择对象〉：
指定第二条尺寸界线原点：指定尺寸线位置或
［多行文字(M)/文字(T)/角度(A)/水平(H)/垂直(V)/旋转(R)］：T
标注文字 =36
命令：_ dim baseline
指定第二条尺寸界线原点或［放弃(U)/选择(S)］〈选择〉：
标注文字 =58

指定第二条尺寸界线原点或［放弃(U)/选择(S)］〈选择〉：

标注文字 ＝90(图 5-14)。

指定第二条尺寸界线原点或［放弃(U)/选择(S)］〈选择〉：

(8) 角度的基准标注

命令：_ dim angular

选择圆弧、圆、直线或〈指定顶点〉：

选择第二条直线：

指定标注弧线位置或［多行文字(M)/文字(T)/角度(A)］：T

标注文字 ＝30

命令：_ dim baseline

指定第二条尺寸界线原点或［放弃(U)/选择(S)］〈选择〉：

标注文字 ＝60

指定第二条尺寸界线原点或［放弃(U)/选择(S)］〈选择〉：

标注文字 ＝90(图 5-15)。

指定第二条尺寸界线原点或［放弃(U)/选择(S)］〈选择〉：

(9) 连续标注

单击 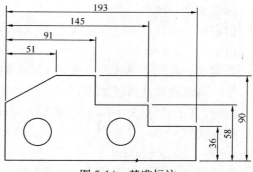，标注原理与方法同基准标注(图 5-16)。

图 5-14 基准标注

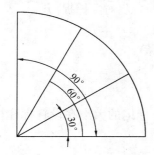

图 5-15 角度的基准标注

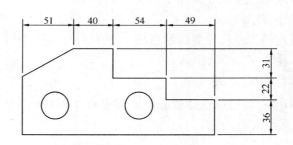

图 5-16 连续标注

命令：_ dim linear

指定第一条尺寸界线原点或〈选择对象〉：

指定第二条尺寸界线原点：指定尺寸线位置或

［多行文字(M)/文字(T)/角度(A)/水平(H)/垂直(V)/旋转(R)］：T

标注文字 ＝51

命令：_ discontinue

指定第二条尺寸界线原点或［放弃(U)/选择(S)］〈选择〉：

标注文字 ＝40

指定第二条尺寸界线原点或［放弃(U)/选择(S)］〈选择〉：

标注文字 ＝54

指定第二条尺寸界线原点或［放弃(U)/选择(S)］〈选择〉：

标注文字 ＝49

指定第二条尺寸界线原点或 [放弃(U)/选择(S)]〈选择〉：

命令：_ dim linear

指定第一条尺寸界线原点或〈选择对象〉：

指定第二条尺寸界线原点：指定尺寸线位置或

[多行文字(M)/文字(T)/角度(A)/水平(H)/垂直(V)/旋转(R)]：T

标注文字 ＝36

命令：_ discontinue

指定第二条尺寸界线原点或 [放弃(U)/选择(S)]〈选择〉：

标注文字 ＝22

指定第二条尺寸界线原点或 [放弃(U)/选择(S)]〈选择〉：

标注文字 ＝31

指定第二条尺寸界线原点或 [放弃(U)/选择(S)]〈选择〉：

(10) 角度的连续标注

命令：_ dim angular

选择圆弧、圆、直线或〈指定顶点〉：

选择第二条直线：

标注文字 ＝30

命令：_ discontinue

指定第二条尺寸界线原点或 [放弃(U)/选择(S)]〈选择〉：〈对象捕捉 开〉

标注文字 ＝30

指定第二条尺寸界线原点或 [放弃(U)/选择(S)]〈选择〉：

标注文字 ＝30(图 5-17)。

(11) 圆心标注

单击 ⊕，可以选择圆心标记或中心线进行标注，圆心标记的大小在设置标注样式时修改(图 5-18)。

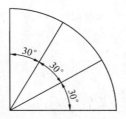

图 5-17　角度的连续标注

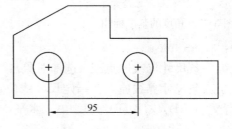

图 5-18　圆心标注

命令：_ dim center(左圆心标记)

选择圆弧或圆：

命令：_ dim center(右圆心标记)

选择圆弧或圆：

命令：_ dim linear

指定第一条尺寸界线原点或〈选择对象〉：

指定第二条尺寸界线原点：指定尺寸线位置或

［多行文字(M)/文字(T)/角度(A)/水平(H)/垂直(V)/旋转(R)］：T

标注文字 ＝85

5.3 雨水管尺寸标注

命令：_ dim linear

指定第一条尺寸界线原点或〈选择对象〉：

指定第二条尺寸界线原点：指定尺寸线位置或

［多行文字(M)/文字(T)/角度(A)/水平(H)/垂直(V)/旋转(R)］：T

标注文字 ＝300

（同上述方法标注文字 100，40，30，220）

命令：_ dim angular

选择圆弧、圆、直线或〈指定顶点〉：

选择第二条直线：

指定标注弧线位置或［多行文字(M)/文字(T)/角度(A)］：T

标注文字 ＝45（图 5-19）。

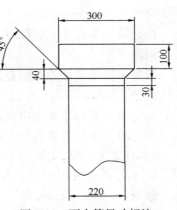

图 5-19 雨水管尺寸标注

5.4 立面屋顶标注

命令：_ dim linear

指定第一条尺寸界线原点或〈选择对象〉：

指定第二条尺寸界线原点：指定尺寸线位置或

［多行文字(M)/文字(T)/角度(A)/水平(H)/垂直(V)/旋转(R)］：T

标注文字 ＝400

（同上述方法标注文字 1000，800，200，2504，300，300）（图 5-20）

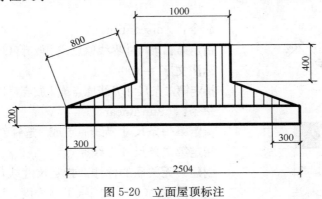

图 5-20 立面屋顶标注

5.5 剖面标注

命令：_ dim linear
指定第一条尺寸界线原点或〈选择对象〉：
指定第二条尺寸界线原点：指定尺寸线位置或
[多行文字(M)/文字(T)/角度(A)/水平(H)/垂直(V)/旋转(R)]：T
标注文字 =240
命令：_ discontinue
指定第二条尺寸界线原点或 [放弃(U)/选择(S)]〈选择〉：
标注文字 =500
指定第二条尺寸界线原点或 [放弃(U)/选择(S)]〈选择〉：
命令：_ dim linear
指定第一条尺寸界线原点或〈选择对象〉：
指定第二条尺寸界线原点：指定尺寸线位置或
[多行文字(M)/文字(T)/角度(A)/水平(H)/垂直(V)/旋转(R)]：T
标注文字 =200
命令：_ dim aligned
指定第一条尺寸界线原点或〈选择对象〉：
指定第二条尺寸界线原点：
指定尺寸线位置或
[多行文字(M)/文字(T)/角度(A)]：T
标注文字 =60
命令：_ batch
选择内部点：正在选择所有对象…
命令：_ dim linear
指定第一条尺寸界线原点或〈选择对象〉：
指定第二条尺寸界线原点：指定尺寸线位置或
[多行文字(M)/文字(T)/角度(A)/水平(H)/垂直(V)/旋转(R)]：T
标注文字 =210

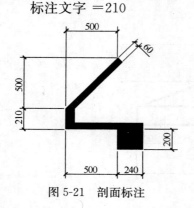

图 5-21　剖面标注

命令：_ discontinue
指定第二条尺寸界线原点或 [放弃(U)/选择(S)]〈选择〉：
标注文字 =500
指定第二条尺寸界线原点或 [放弃(U)/选择(S)]〈选择〉：
命令：_ dim linear
指定第一条尺寸界线原点或〈选择对象〉：
指定第二条尺寸界线原点：
创建了无关联的标注。指定尺寸线位置或
[多行文字(M)/文字(T)/角度(A)/水平(H)/垂直

(V)/旋转(R)]：T

标注文字 ＝500(图 5-21)。

5.6　建立新原点进行坐标标注

尺寸大小的测量值以新原点为参照点。新原点为平面直角坐标图案所在的点(图5-22)。

命令：_ us

输入选项

[新建(N)/移动(M)/正交(G)/上一个(P)/恢复(R)/保存(S)/删除(D)/应用(A)/？/世界(W)]

〈世界〉：_ o

指定新原点〈0，0，0〉：(图 5-22)

命令：_ line 指定第一点：_ from 基点：〈偏移〉：〈正交 开〉〈对象捕捉 关〉@20＜－90

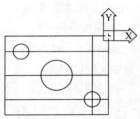

图 5-22　建立新原点进行坐标标注

指定下一点或 [放弃(U)]：〈对象捕捉 开〉〈对象捕捉追踪 关〉

指定下一点或 [放弃(U)]：

命令：_ mirror

选择对象：找到 1 个

指定镜像线的第一点：指定镜像线的第二点：

是否删除源对象？[是(Y)/否(N)]〈N〉：

命令：_ circle 指定圆的圆心或 [三点(3P)/两点(2P)/相切、相切、半径(T)]：_ from

基点：〈偏移〉：@20＜0

指定圆的半径或 [直径(D)]：10

命令：_ line 指定第一点：

命令：_ line 指定第一点：_ from 基点：〈偏移〉：@20＜180

命令：_ circle 指定圆的圆心或 [三点(3P)/两点(2P)/相切、相切、(T)]：

指定圆的半径或 [直径(D)]〈20.0000〉：20(图 5-22)。

(1) 测量值以新原点为参照点(图 5-23)

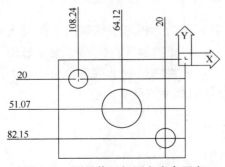

图 5-23　测量值以新原点为参照点

命令：_ dim ordinate

指定点坐标：

指定引线端点或 [X 基准(X)/Y 基准(Y)/多行文字(M)/文字(T)/角度(A)]：T

标注文字 ＝108.24

命令：_ dim ordinate

指定点坐标：

指定引线端点或 [X 基准(X)/Y 基准(Y)/多行文字(M)/文字(T)/角度(A)]：T

标注文字 =64.12
命令：_dim ordinate
指定点坐标：
指定引线端点或[X基准(X)/Y基准(Y)/多行文字(M)/文字(T)/角(A)]：T
标注文字 =20
命令：_dim ordinate
指定点坐标：
指定引线端点或[X基准(X)/Y基准(Y)/多行文字(M)/文字(T)/角(A)]：T
标注文字 =20
命令：_dim ordinate
指定点坐标：
指定引线端点或[X基准(X)/Y基准(Y)/多行文字(M)/文字(T)/角(A)]：T
标注文字 =51.07
命令：_dim ordinate
指定点坐标：
指定引线端点或[X基准(X)/Y基准(Y)/多行文字(M)/文字(T)/角(A)]：T
标注文字 =82.15（图5-23）

(2) 用'_dist核对所标注尺寸是否正确

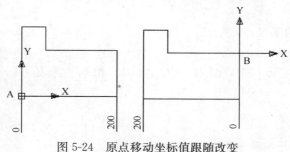

图5-24 原点移动坐标值跟随改变

指定点坐标：'_dist》指定第一点：》指定第二点：
距离 = 108.2382，XY平面中的倾角 = 180，与XY平面的夹角 = 0
X增量 = -108.2364，Y增量 = 0.6250，Z增量 = 0.0000
正在恢复执行 DIMORDINATE 命令。

(3) 坐标原点移动坐标值跟随改变
坐标原点从A点移动到B点后，各点相应的坐标值跟随改变（图5-24）。

5.7 公 差 标 注

单击⊞，形位公差是指实体的形状、方向、位置、跳动等相对于精确图形的最大允许误差。最大允许误差是指标注对象要求的精确度。在特征控制框内向图形添加形位公差。特征控制框（图5-25），包含几何特征符号的框格，框格内是一个或多个公差值。使用框格时，公差前加有直径符号，公差后加有包容条件的基准和符号。

(1) 形位公差代号的标注方法
用带箭头的指引线和形位公差框格组成。
(2) 框格的内容：
形位公差有关项目的符号。

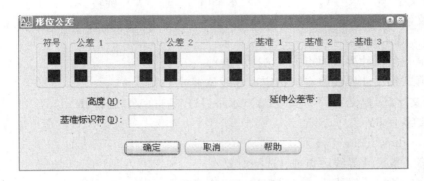

图 5-25 公差特征控制框

形位公差数值和有关的符号。
基准代号的字母和有关的符号。
框格应水平或垂直放置，线型为细实线。框格分两格或多格。
第一格：形位公差项目的符号(图 5-26)。
第二格：形位公差数值和有关的符号。
第三格及后面各格：基准代号的字母和有关的符号。

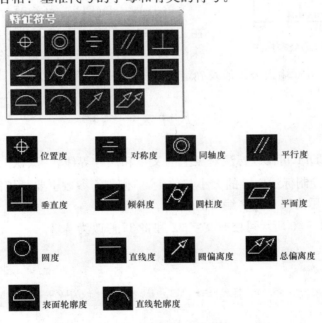

图 5-26 形位公差项目的符号

5.8 螺钉的公差标注

命令：_dim linear
指定第一条尺寸界线原点或〈选择对象〉：
指定第二条尺寸界线原点：指定尺寸线位置或

［多行文字(M)/文字(T)/角度(A)/水平(H)/垂直(V)/旋转(R)］：T

标注文字＝90

命令：_ dim linear

指定第一条尺寸界线原点或〈选择对象〉：

指定第二条尺寸界线原点：指定尺寸线位置或

［多行文字(M)/文字(T)/角度(A)/水平(H)/垂直(V)/旋转(R)］：T

标注文字＝60

命令：_ dim linear

指定第一条尺寸界线原点或〈选择对象〉：

指定第二条尺寸界线原点：指定尺寸线位置或

［多行文字(M)/文字(T)/角度(A)/水平(H)/垂直(V)/旋转(R)］：T

标注文字＝160

命令：_ dim edit

输入标注编辑类型［默认(H)/新建(N)/旋转(R)/倾斜(O)］〈默认〉：N

选择对象：找到 1 个

单击 DIMEDIT 可修改标注对象上的文字。在文字编辑框中单击右键，单击符号，选中所需特殊符号，单击确定，选择要修改的对象。

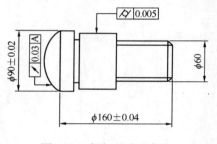

图 5-27　螺钉的公差标注

单击 _ tolerance 输入公差值及确定公差框格位置(图 5-27)。

5.9　尺寸文字编辑

单击 DIMEDIT 可修改标注对象上的文字和尺寸界线。"默认"、"新建"和"旋转"这三个参数主要是控制标注文字的大小与位置，"倾斜"参数主要是控制尺寸界线的倾斜角度。如图 5-28 所示为尺寸文字编辑框。

按图 5-29 和图 5-30 所示可修改文字 32 和将 32 修改为 φ32。

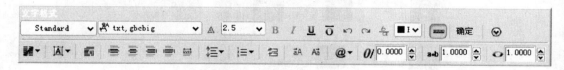

图 5-28　尺寸文字编辑框

命令：_ dim linear

指定第一条尺寸界线原点或〈选择对象〉：

指定第二条尺寸界线原点：指定尺寸线位置或

［多行文字(M)/文字(T)/角度(A)/水平(H)/垂直(V)/旋转(R)］：T

标注文字＝40

(同上述方法标注文字 10，32，15)

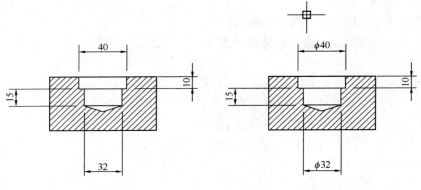

图 5-29　修改文字 32　　　图 5-30　32 修改为 φ32

命令：_ copy

选择对象：指定对角点：找到 22 个

指定基点或位移，或者[重复(M)]：〈对象捕捉追踪 关〉指定位移的第二点或〈用第一点作位移〉：

命令：_ dim edit

输入标注编辑类型[默认(H)/新建(N)/旋转(R)/倾斜(O)]〈默认〉：n

命令：_ dim edit

输入标注编辑类型[默认(H)/新建(N)/旋转(R)/倾斜(O)]〈默认〉：n

在文字编辑框中单击右键，单击符号，选中所需特殊符号 c％％32，单击确定，选择要修改的对象。

选择对象：找到 1 个

5.10　倾　斜　标　注

调整线性标注尺寸界线的倾斜角度。当尺寸界线与其他图形重叠时，倾斜标注可以避开重叠部分(图 5-31)。

命令：_ dim edit

输入标注编辑类型[默认(H)/新建(N)/旋转(R)/倾斜(O)]〈默认〉：o

选择对象：找到 1 个

输入倾斜角度。(按 ENTER 表示无)：－45

命令：_ dim linear

指定第一条尺寸界线原点或〈选择对象〉：

指定第二条尺寸界线原点：指定尺寸线位置或

[多行文字(M)/文字(T)/角度(A)/水平(H)/垂直(V)/旋转(R)]：T

标注文字 ＝53

命令：_ dim edit

输入倾斜角度（按 ENTER 表示无）：－45

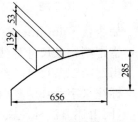

图 5-31　倾斜标注

命令：_ dim linear
指定第一条尺寸界线原点或〈选择对象〉：
指定第二条尺寸界线原点：指定尺寸线位置或
标注文字 ＝139
命令：_ dim linear
指定第一条尺寸界线原点或〈选择对象〉：
指定第二条尺寸界线原点：指定尺寸线位置或
［多行文字(M)/文字(T)/角度(A)/水平(H)/垂直(V)/旋转(R)］：T
标注文字 ＝285
命令：_ dim linear
指定第一条尺寸界线原点或〈选择对象〉：
指定第二条尺寸界线原点：指定尺寸线位置或
［多行文字(M)/文字(T)/角度(A)/水平(H)/垂直(V)/旋转(R)］：T
标注文字＝656

5.11 编辑标注文字

单击 _ dim edit，重新设置标注文字的位置。拖动光标确定标注文字的新位置。要确定文字在尺寸线的上方、下方还是中间，修改标注样式对话框中的"文字"选项。

螺纹的标注：用 dim edit 命令把(图 5-33)标注 2 移到尺寸界线内(图 5-32)。

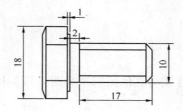 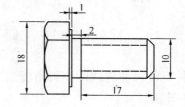

图 5-32　标注 2 移到尺寸界线内　　图 5-33　标注 2 在尺寸界线外

命令：_ dim linear
指定第一条尺寸界线原点或〈选择对象〉：
指定第二条尺寸界线原点：指定尺寸线位置或
标注文字＝18
(同上述方法标注文字 10，1，17，2)
命令：_ dim edit
选择标注：
指定标注文字的新位置或［左(L)/右(R)/中心(C)/默认(H)/角度(A)］：
此时，拖动光标确定标注文字 2 到新的位置。

5.12　单击 标注更新

尺寸文字替换更新：如果只修改某一个尺寸要素，按下面步骤操作：
（1）点击标注样式 图标，点击替代（图 5-34），点击调整（图 5-35），输入要调整参数，点击确定。

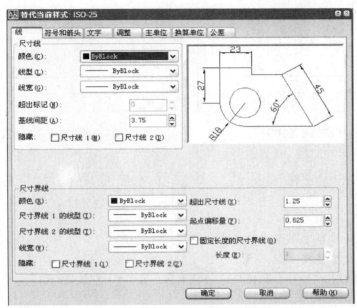

图 5-34　尺寸文字替换更新对话框

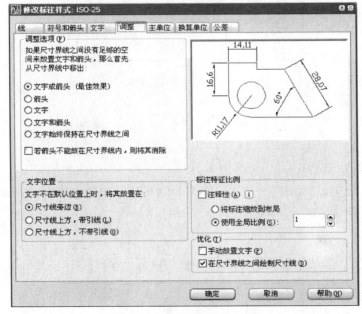

图 5-35　调整标注样式对话框

（2）在图 5-35 中选"文字始终保持在尺寸界线之间"，点击确定，回到标注样式管理器对话框，点击"置为当前"，点击关闭。

（3）点击标注更新 图标，选择需替换的标注文字 5（图 5-36），点击右键确定，完成标注更新。经过替换，在尺寸界线外边的文字 5 移到了尺寸界线内（图 5-37）。

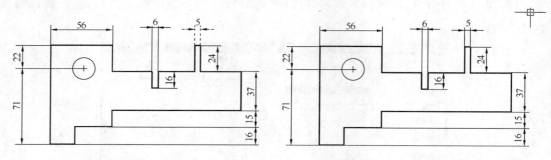

图 5-36　替换的标注文字 5　　　　　图 5-37　标注文字 5 移到了尺寸界线内

5.13　线性标注在确定尺寸线位置之前可编辑尺寸文字与角度

命令：_ dim linear
指定第一条尺寸界线原点或〈选择对象〉：
指定第二条尺寸界线原点：指定尺寸线位置或
［多行文字（M）/文字（T）/角度（A）/水平（H）/垂直（V）/旋转（R）］：t
输入标注文字〈387〉：400（图 5-38）。

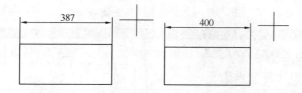

图 5-38　确定尺寸线位置前可编辑尺寸文字与角度

5.14　文　本　标　注

单击 或输入_ debit

编辑文字，标注文字，使用 TEXT 或 DTEXT 显示编辑文字对话框，使用 MTEXT 显示多行文字编辑器。如图 5-39 所示为文本标注工具条。

图 5-39　文本标注工具条

5.14.1 设置汉字及英文字体

单击格式，单击文字样式 ，在字体对话框选择字体，单击应用(图 5-40)。

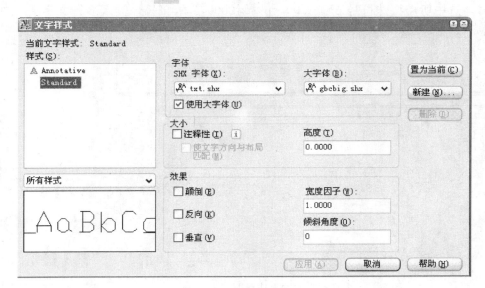

图 5-40　文字字体设置对话框

5.14.2 单行文字的输入

可以使用 DTEXT 输入若干行文字，并可进行旋转、对正和大小调整。在"输入文字"提示下输入的文字会同步显示在屏幕中。每行文字是一个独立的对象。要结束一行并开始另一行，可在"输入文字"提示下输入字符后按 ENTER 键。要结束 TEXT 命令，可直接按 ENTER 键，通过设置文字样式，可以使用多种字符图案或字体。这些图案或字体可以拉伸、压缩、倾斜、镜像或旋转。

单击 A 或单击绘图，单击文字，单击单行文字。

命令：_dtext
当前文字样式：Standard 当前文字高度：2.5000
指定文字的起点或[对正(J)/样式(S)]：J
输入选项
[对齐(A)/调整(F)/中心(C)/中间(M)/右(R)/左上(TL)/中上(TC)/右上(TR)/左中(ML)/正中(MC)/右中(MR)/左下(BL)/中下(BC)/右下(BR)]：BL
指定文字的左下点：
指定高度〈2.5000〉：20
指定文字的旋转角度〈0〉：
输入文字：1234567890
输入文字：ABCDEFGHIJKLMNOP
输入文字：土木工程学院(图 5-41)。

5.14.3 多行文字的输入

指定对角点之后，将显示多行文字编

图 5-41　单行文字输入

辑器。

单击 **A** 或单击绘图(图 5-42)，单击文字，单击多行文字。在编辑框中单击右键，单击符号，选中所需特殊符号 c％％100，p％％2000，50d％％，输入多行文字后，单击确定(图 5-43)。

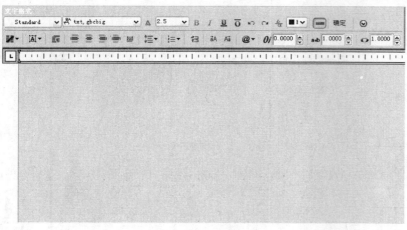

图 5-42　多行文字的输入编辑框 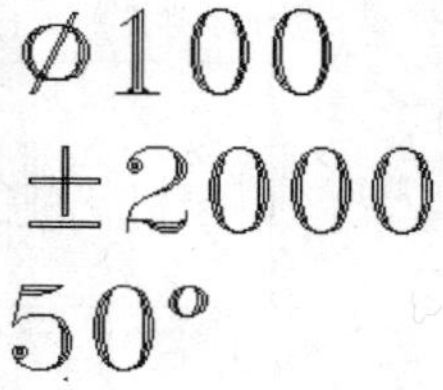　　　　　　　　图 5-43　特殊符号输入

5.15　文　字　的　编　辑

先选中要修改的文字(图 5-44)，单击修改，单击对象，单击文字，单击编辑。

机动车辆打电话

图 5-44　先选中要修改的文字

在编辑文字框中输入正确的文字(图 5-45)，单击确定，显示正确的文字(图5-46)。

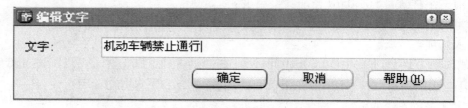

图 5-45　在编辑文字框中输入正确的文字

机动车辆禁止通行

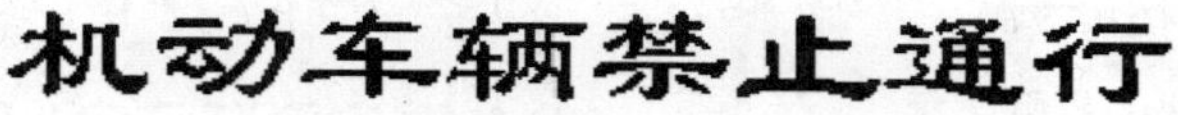

图 5-46　显示正确的文字

先选中要修改的文字，单击修改，单击对象特性 图标，并选定红色(图 5-47)。在文字内容栏输入"非机动车辆禁止通行"并选定颠倒(图 5-48)，点击关闭。

点击对象特性对话框的关闭开关,已修改过的文字(红色与颠倒)显示在屏幕上(图 5-49),所选对象的属性都可修改。

图 5-47 选定红色

图 5-48 选定颠倒

图 5-49 红色与颠倒文字显示在屏幕上

5.16 堆叠/非堆叠

当选中的文字中包含有"^"、"/"或"♯"三种符号时,可以设置文字的堆叠形式或取消堆叠形式。如果设置为堆叠,则这些字符左边的文字将被堆叠到右边文字的上面(图 5-50)。

进行堆叠/非堆叠有两种方法

(1) 点击 A,输入 1/2 并选中,点击堆叠(图 5-51),1/2 就变为 $\frac{1}{2}$(图 5-52)。

图 5-50 堆叠形式

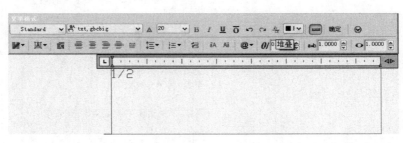
图 5-51 点击堆叠

图 5-52 字符左边的文字被堆叠到右边文字的上面

(2) 选中堆叠文字,并单击右键(图 5-53),在快捷菜单中选择特性项,弹出堆叠特性对话框。在该对话框中,用户可以对堆叠的文字做进一步的设置,包括上方(Upper)与下方(Lower)的文字、样式(Style)、位置(Position)、字号(Text)等外观(Appearance)控制。此外,用户还可以单击自动堆叠按钮弹出自动堆叠特性对话框(图 5-54),来设置自动堆叠的样式,也可以去掉在整数数字和分数之间的前导空格,自动堆叠特性对话框(图 5-55)。

图 5-53 堆叠快捷菜单

图 5-54 堆叠特性对话框

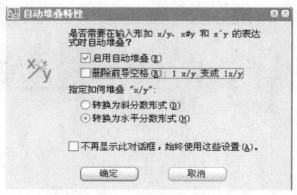

图 5-55 自动堆叠特性对话框

5.17 画标题栏并输入文字

命令：_dtext
当前文字样式：Standard 当前文字高度：8.0000
指定文字的起点或[对正(J)/样式(S)]：j

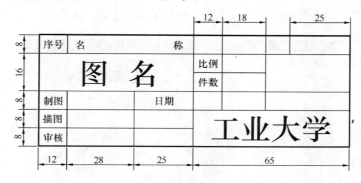

图 5-56　画标题栏并输入文字

输入选项
[对齐(A)/调整(F)/中心(C)/中间(M)/右(R)/左上(TL)/中上(TC)/右上(TR)/左中(ML)/正中(MC)/右中(MR)/左下(BL)/中下(BC)/右下(BR)]：bl
指定文字的左下点：
指定高度〈8.0000〉：10
指定文字的旋转角度〈0〉：
输入文字：工业大学
命令：_dtext
当前文字样式：Standard 当前文字高度：10.0000
指定文字的起点或[对正(J)/样式(S)]：
输入文字：图名
指定文字的旋转角度〈0〉：
命令：_dtext
当前文字样式：Standard 当前文字高度：10.0000
指定文字的起点或[对正(J)/样式(S)]：
指定高度〈5.0000〉：3.5
指定文字的旋转角度〈0〉：
输入文字：制图
输入文字：描图
输入文字：审核
输入文字：日期
输入文字：比例
输入文字：件数

输入文字：序号

输入文字：名称(图 5-56)

5.18 查找文字并替换

点击菜单栏的编辑(图 5-57)，点击查找，在查找字符对话框中输入 1S14，在改为对话框中输入 2S22，点击替换，点击关闭，1S14 替换为 2S22(图 5-58)。

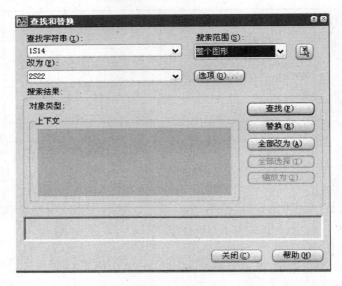

图 5-57 查找文字并替换对话框

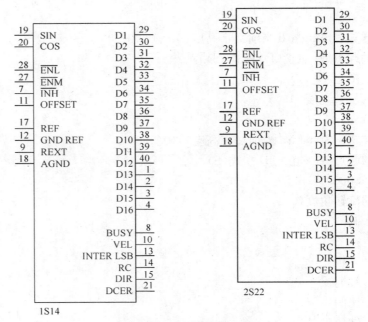

图 5-58 1S14 替换为 2S22

5.19 三维图形的标注

标注立方体各个面的尺寸时，需变换 UCS，标注立方体不同的三个面的尺寸时，要变换三次 UCS。

(1)在立方体顶面标注尺寸(图 5-59)

命令：_ us

[新建(N)/移动(M)/正交(G)/上一个(P)/恢复(R)/保存(S)/删除(D)/应用(A)/?/世界(W)]

〈世界〉：_ fa

选择实体对象的面：

命令：_ dim linear

指定第一条尺寸界线原点或〈选择对象〉：

指定第二条尺寸界线原点：指定尺寸线位置或

[多行文字(M)/文字(T)/角度(A)/水平(H)/垂直(V)/旋转(R)]：T

标注文字＝80

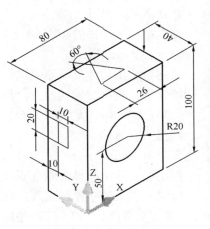

图 5-59　三维图形的标注

命令：_ dim linear

指定第一条尺寸界线原点或〈选择对象〉：

指定第二条尺寸界线原点：指定尺寸线位置或

[多行文字(M)/文字(T)/角度(A)/水平(H)/垂直(V)/旋转(R)]：T

标注文字＝40

命令：_ dim angular

选择圆弧、圆、直线或〈指定顶点〉：

选择第二条直线：

指定标注弧线位置或[多行文字(M)/文字(T)/角度(A)]：T

标注文字＝60

命令：_ dim linear

指定第一条尺寸界线原点或〈选择对象〉：

指定第二条尺寸界线原点：指定尺寸线位置或

[多行文字(M)/文字(T)/角度(A)/水平(H)/垂直(V)/旋转(R)]：T

标注文字＝25.98

命令：_ dim aligned

指定第一条尺寸界线原点或〈选择对象〉：

指定第二条尺寸界线原点：〈正交　关〉

指定尺寸线位置或

[多行文字(M)/文字(T)/角度(A)]：T

标注文字＝25.98

(2)在立方体左侧面标注尺寸(图 5-59)

命令：_ us
[新建(N)/移动(M)/正交(G)/上一个(P)/恢复(R)/保存(S)/删除(D)/应用(A)/?/世界(W)]
〈世界〉：_ 3
指定新原点〈0，0，0〉：
在正 X 轴范围上指定点〈1.0000，0.0000，0.0000〉：
在 UCSXY 平面的正 Y 轴范围上指定点〈0.0967，0.9953，0.0000〉：
命令：_ dim linear
指定第一条尺寸界线原点或〈选择对象〉：
指定第二条尺寸界线原点：指定尺寸线位置或
[多行文字(M)/文字(T)/角度(A)/水平(H)/垂直(V)/旋转(R)]：T
标注文字＝10
命令：_ dim linear
指定第一条尺寸界线原点或〈选择对象〉：
指定第二条尺寸界线原点：指定尺寸线位置或
[多行文字(M)/文字(T)/角度(A)/水平(H)/垂直(V)/旋转(R)]：T
标注文字＝20
命令：_ dim linear
指定第一条尺寸界线原点或〈选择对象〉：
指定第二条尺寸界线原点：指定尺寸线位置或
[多行文字(M)/文字(T)/角度(A)/水平(H)/垂直(V)/旋转(R)]：T
标注文字＝50
命令：_ dim linear
指定第一条尺寸界线原点或〈选择对象〉：
指定第二条尺寸界线原点：指定尺寸线位置或
[多行文字(M)/文字(T)/角度(A)/水平(H)/垂直(V)/旋转(R)]：T
标注文字＝10
(3)在立方体前面标注尺寸(图 5-59)
命令：_ us
[新建(N)/移动(M)/正交(G)/上一个(P)/恢复(R)/保存(S)/删除(D)/应用(A)/?/世界(W)]
〈世界〉：_ fa
选择实体对象的面：
命令：_ dim diameter
选择圆弧或圆：
标注文字＝40
指定尺寸线位置或[多行文字(M)/文字(T)/角度(A)]：T
命令：_ dim linear
指定第一条尺寸界线原点或〈选择对象〉：

指定第二条尺寸界线原点：指定尺寸线位置或
［多行文字(M)/文字(T)/角度(A)/水平(H)/垂直(V)/旋转(R)］：T
标注文字＝100
命令：_ dim linear
指定第一条尺寸界线原点或〈选择对象〉：
指定第二条尺寸界线原点：指定尺寸线位置或
标注文字＝50

5.20 四视图的标注

点击多视窗，点击四视图，其他三个视图自动显示三维图形上的标注(图5-60)。

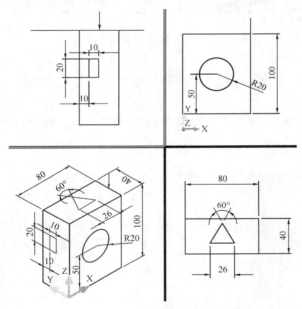

图 5-60 四视图的标注

5.21 建筑施工图的标注

(1)建筑施工圆形支撑配筋图的标注(图5-61)。注意使用块等分插入的操作过程。
(2)建筑施工方形支撑配筋图的标注(图5-62)。注意引线标注的操作过程。

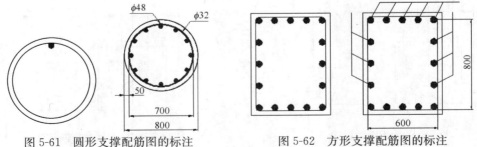

图 5-61 圆形支撑配筋图的标注　　　　图 5-62 方形支撑配筋图的标注

5.22 滚动轴承的标注

滚动轴承的标注如图 5-63 所示。

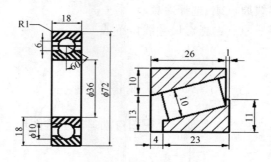

图 5-63 滚动轴承的标注

5.23 CAD2008 增加的几种标注

1. 单击标注间距 ▦，分别点击密集的标注（图 5-64），即可得到修改后的标注间距（图 5-65）。

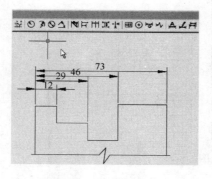

图 5-64 密集的标注间距

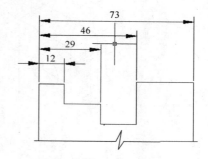

图 5-65 修改后的标注间距

2. 单击折断标注 ⊥，分别点击标注 18 及标注 18 与实体相交的实线（图 5-66），即可得到修改后的折断标注（图 5-67）。

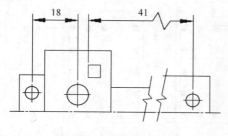

图 5-66 无折断的标注

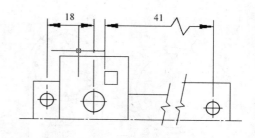

图 5-67 修改后的折断标注

3. 单击折弯标注 ⚡，将折弯添加到线性标注。

折弯由两条平行线和一条与平行线呈 40°角的交叉线组成。折弯的高度由标注样式的线性折弯大小值决定(图 5-68)。

将折弯添加到线性标注后，可以使用夹点定位折弯。要重新定位折弯，请选择标注然后选择夹点。沿着尺寸线将夹点移至另一点。读者也可以在"直线和箭头"下的"特性"选项板上调整线性标注上折弯符号的高度。

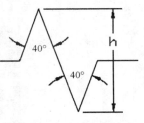

图 5-68 折弯大小值决定

单击标注样式，单击修改，显示标注样式对话框，(图 5-69)修改折弯标注参数。

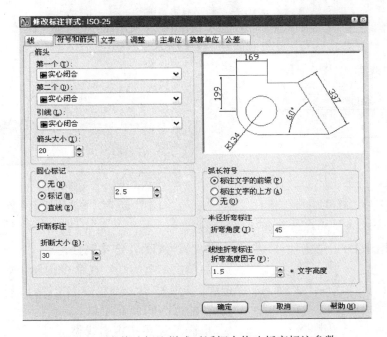

图 5-69 在修改标注样式对话框中修改折弯标注参数

命令：_DIMJOGLINE
选择要添加折弯的标注或[删除(R)]：(图 5-70)
指定折弯位置(或按 ENTER 键)：(图 5-71)

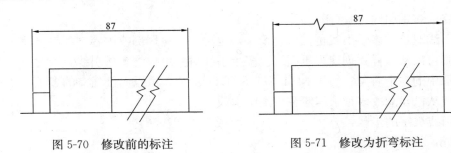

图 5-70 修改前的标注　　　　图 5-71 修改为折弯标注

4. 单击检验标注 ⚡，提供标注的加框检验信息。

单击检验标注 ⚡(图 5-72)，单击选择标注，选择需加框检验信息的标注(图 5-73)。

131

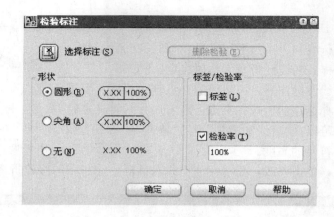

图 5-72　修改检验标注

5. 多重引线标注(图 5-74)。

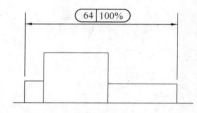

图 5-73　选择需加框检验标注　　　图 5-74　多重引线工具条

创建带有文字或块的样条曲线引线的步骤：
(1)单击绘图(D)，单击块(K)，单击定义属性(D)，定义属性。

图 5-75　多重引线外观

(2)单击多重引线，在命令提示下，输入 O 可选择选项。
(3)输入 L 可指定引线。
(4)输入 T 可指定引线类型。
(5)输入 P 以指定样条曲线引线。
(6)在图形中，单击引线头的起点，单击引线的端点，输入多行文字内容，在"文字格式"工具栏上单击"确定"(图 5-75)。

创建修改多重引线样式(图 5-76)。

多重引线对象或多重引线可先创建箭头，也可先创建尾部或内容。如果已使用多重引线样式，则可以从该样式创建多重引线。多重引线对象可包含多条引线，因此一个注解可以指向图形中的多个对象。使用 MLEADEREDIT 命令，可以向已建立的多重引线对象添加引线，或从已建立的多重引线对象中删除引线。

编辑引线文字的步骤：
(1)双击要编辑的文字。
(2)编辑文字。

6. 多重引线合并。

可以收集多重引线并将其附着到一个引线，多重引线工具条(合并)如图 5-77 所示。

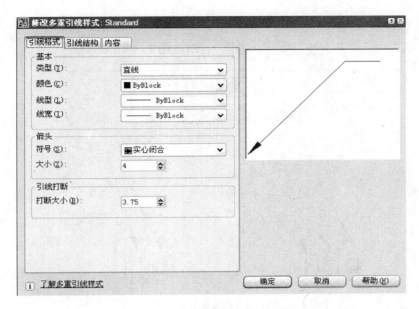

图 5-76　创建修改多重引线样式

使用 MLEADERCOLLECT 命令，可以根据图形需要水平、垂直或在指定区域内收集多重引线。点击多重引线合并图标，再分别点击多重引线(图 5-78 左图)，点击右键得到(图 5-78 右图)。

7. 多重引线对齐。

图 5-77　多重引线工具条(合并)

多重引线可以沿指定的直线均匀排序，多重引线工具条(对齐)如图 5-79 所示。使用 MLEADERALIGN 命令，可按指定对选定的多重引线进行对齐和均匀排序。点击多重引线对齐图标，再分别点击多重引线(图 5-80 左图)，点击右键得到(图 5-80 右图)。

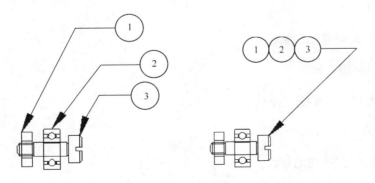

图 5-78　多重引线合并

对齐和隔开引线的步骤：
(1)在"多重引线"工具栏上，单击"对齐多重引线"(图 5-79)。
(2)选择要对齐的多重引线。按 ENTER 键。

图 5-79　多重引线工具条(对齐)

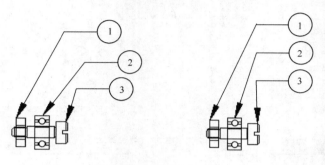

图 5-80　多重引线对齐

(3)在图形中指定起点以开始对齐。用户选择的点在基线引线头的位置。

(4)如果要更改多重引线对象的间距，则输入 S 然后指定以下间距方法之一：

分布：将内容在两个选定点之间均匀隔开。

使用当前：使用多重引线之间的当前间距。

使平行：放置内容以使选定多重引线中最后的每条线段均平行。

在图形中，单击一点以结束对齐(图 5-80)。

5.24 上 机 实 验

实验 1　建筑施工地基配筋图的标注

1. 目的要求

建筑施工地基配筋图的标注。

2. 操作指导(图 5-81)

实验 2　建筑施工轴线支撑柱的标注

1. 目的要求

建筑施工轴线支撑柱的标注。

2. 操作指导(图 5-82)

建筑施工轴线支撑柱的标注，注意：柱子做成块，阵列插入。

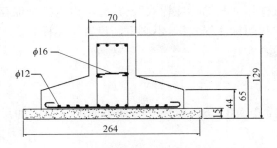
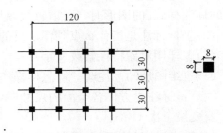

图 5-81 建筑施工地基配筋图的标注　　图 5-82 建筑施工轴线支撑柱的标注

实验 3　楼梯平面图的标注

1. 目的要求

楼梯平面图的标注。

2. 操作指导（图 5-83）

实验 4　楼梯剖断线的标注

1. 目的要求

楼梯剖断线的标注。

2. 操作指导（图 5-84）

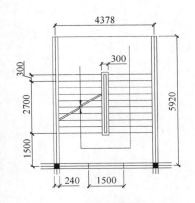
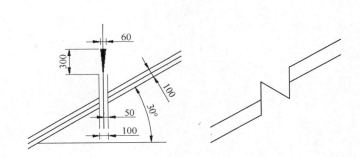

图 5-83 楼梯平面图的标注　　　　图 5-84 楼梯剖断线的标注

思 考 题

（1）怎样修改标注四要素的大小及相对位置？

（2）怎样设置标注样式（单击 ，单击"新建"）？

在新样式名中输入"我的标注样式"，单击"继续"，在新建标注样式对话话框中设置，修改尺寸四要素，单击确定，单击关闭，这时，"我的标注样式"已建立，以后打开保存有"我的标注样式"的图形时，可以直接调用"我的标注样式"，不必重新设置标注样式。

(3)坐标标注是指什么点到标注点的距离？

(4)怎样用对象特性修改文字？

(5)三维图形的标注时，需怎样操作？

注意：标注立方体各个面的尺寸时，需变换 UCS，标注立方体不同的三个面的尺寸时，要变换三次 UCS。

(6)输入汉字时屏幕上出现？？？，是什么缘故？

6 三维建模基础

教学要求：从二维图形到三维图形，首先要搞清楚三维视点、三维空间、三维模型的概念，三维空间的点可用三维坐标表示。本章让学生了解三维模型的基本概念，三维模型空间是怎样建立的？线框模型、曲面模型、实体模型的区别，三维视点的概念及三维视点的设置，三维视图命名，三维视图动态观察、透视观察、连续观察，怎样设置多视口？了解三维点线面的绘制。本章还让学生学会二维模型与三维模型的布局与打印。

6.1 三维模型

三维模型实际上是平面图形增加了厚度，三维模型可通过多种建模方法得到，同时三维模型还可通过三维视点位置的改变而观察到。

6.2 三维空间

三维空间是二维空间(X，Y)加上 Z 轴坐标，三维空间是一个立体的透视环境。平面视图是厚度为零的三维图，平面图形是三维模型在三维空间中沿某一方向的投影，轴测图与透视图是在三维空间中通过修改视点的位置而观察到的三维图形。

6.3 三维模型有三种形式

线框模型：对象由点线构成，线框模型不能渲染、消隐和布尔运算。
曲面模型：对象由若干小的曲面构成，能渲染、消隐和布尔运算。
实体模型：对象是具有三维空间的实体，能渲染、消隐和布尔运算。

用(CHANGE)和(CHPROP)命令可以修改实体模型的厚度，通过(REVSURF)命令可以构造旋转曲面模型，通过(EXTRUDE)命令可以将二维图形拉伸为三维实体模型，通过(REVOLVE)命令可以将二维图形旋转为三维实体模型。现今流行的三维建模方法都可在 AUTOCAD 中完成，用户只需选择视点，AUTOCAD 就会自动生成一个与视点方向一致的三维图形。

6.4 三维视点的概念

根据输入的 X、Y 和 Z 坐标，定义观察视图的方向矢量，方向矢量是指观察者从视点向原点(0，0，0)方向观察(图 6-1)。
角 P：视线 MO 与 XY 平面的夹角

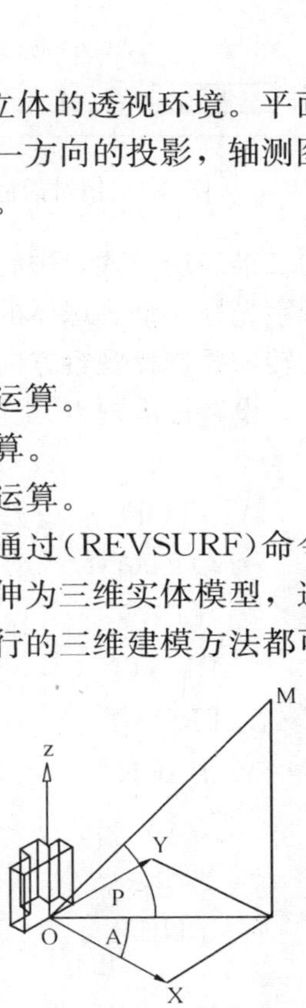

图 6-1 三维视点

角 A：视线 MO 在 XY 平面的投影与 X 轴的夹角
角 A 与角 P 唯一确定视点 M

6.5　三维视点的设置

选择(视图)，选择(三维视图)，选择(视点设置)(图 6-2)。
用对话框设置视点：
用鼠标拨动指针，确定角 A 与角 P，随之视点确定。

用罗盘设置视点：

选择(视图)，选择(三维视图)，选择(视点)(图 6-3)。

罗盘相当于球在水平面的投影，光标在罗盘上的位置确定了视点的空间位置，显示的坐标球和三轴架，用来定义视口中的观察方向，指南针是球体

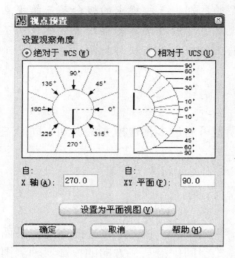

图 6-2　用对话框设置视点

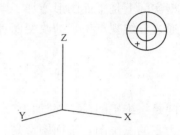

图 6-3　用罗盘设置视点

的二维表现方式，中心点是北极，内环是赤道，整个外环是南极，用鼠标将指南针上的小十字光标移动到球体的任意位置上，移动十字光标时，三轴架根据坐标球指示的观察方向旋转，要选择观察方向，把十字光标移动到球体上的某个位置并选择。

设置标准视点：

名称		A 角	P 角
TOP	顶视图	270	90
BOTTOM	底视图	270	−90
LEFT	左视图	180	0
RIGHT	右视图	0	0
FRONT	前视图	270	0
BACK	后视图	90	0
SW	西南视图	225	45
SE	东南视图	315	45
NE	东北视图	45	45
NW	西北视图	135	45

6.6 设置多视口

1. 功能：设置多视口，观察各视点的图形。
2. 操作：选择(视图)，选择(视口)，选择(新建视口)，选择四视图(图 6-4)，选择(确定)。
3. 说明：显示墙体四视图(图 6-5)，其中只有一个视图是当前视图，若需修改某一视图，必需选择此视图也称为激活视图。

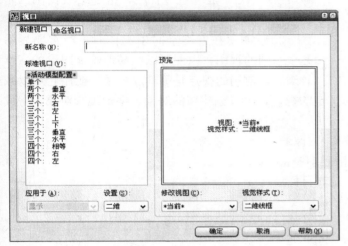

图 6-4　选择四视图

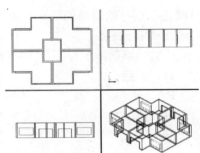

图 6-5　显示墙体四视图

6.7 三维视图动态观察

1. 功能：交互式动态观察三维视图。
2. 操作：选择(视图)，选择(动态观察)。
3. 说明：三维动态观察时，光标移到上下两个小圆中，拖动鼠标实体绕 X 轴旋转，光标移到左右两个小圆中，拖动鼠标实体绕 Y 轴旋转，光标移到大圆内，实体在大圆内沿鼠标拖动的轨迹旋转(图 6-6)。

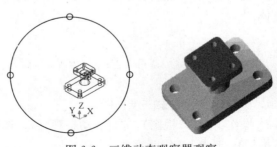

图 6-6　三维动态观察器观察

6.8 (dview)动态观察

1. 功能：多功能交互动态观察当前视图，用户可以改变视图方向、缩放比例和旋转角度，还可选择透视，平行投影方式，前后裁剪平面。

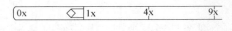

2. 操作：在命令提示区输入(DVIEW)，按回车键，选择对象或〈使用 DVIEWBLOCK〉，输入选项：[相机(CA)/目标(TA)/距离(D)/点(PO)/平移(三维 PA)/缩放(Z)/扭曲(TW)/剪裁(CL)/隐藏(H)/关(O)/放弃(U)]：Z，指定缩放比例因子〈1〉(图 6-7)。

图 6-7 (dview)动态观察

3. 说明：在三维空间中工作时，经常要显示几个不同的视图，以便可以轻易地验证图形的三维效果。最常用的视点是等轴测视图，使用它可以减少视觉上重叠的对象的数目。通过选定的视点，可以创建新的对象、编辑现有对象、生成隐藏线或着色视图。

CA：旋转相机　　　ZOOM：图像缩放
H：消隐　　　　　D：相机到目标的距离
PA：平移　　　　　TA：旋转目标
H：消隐　　　　　PA：平移

6.9 透 视 观 察

1. 功能：透视观察三维视图方式，观察的对象距照相机越近，显示的对象越大。

2. 操作：选择(视图)，选择(三维动态观察器)，按右键，选择(投影)，选择(透视)，即可观察透视图(图 6-8)。

图 6-8　透视观察

3. 说明：当使用透视观察三维视图方式时，图形窗口左下角的(UCS)坐标为一透视立方体。

6.10 连 续 观 察

1. 功能：连续观察三维视图。

2. 操作：选择(视图)，选择(动态观察)，选择(自由动态观察)，按右建，选择(其他导航模式)，选择(连续观察)。

3. 说明：连续观察前，连续移动对象，放开鼠标后，对象就按原设置的连续移动方式连续转动，击右键停(图 6-9)。

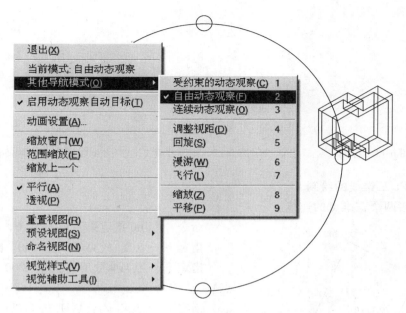

图 6-9 连续观察

6.11 三维点线面的绘制

6.11.1 三维点的绘制

(1)三维空间的点可用三维坐标表示。输入三维坐标值(X,Y,Z)类似于输入二维坐标(X,Y),除了指定 X 和 Y 值以外,还需要使用以下格式指定 Z 值。例如,坐标值(3,2,5)表示一个沿 X 轴正方向 3 个单位,沿 Y 轴正方向 2 个单位,沿 Z 轴正方向 5 个单位的点。

命令:_line 指定第一点:FROM

基点:0,0,0(O 点)

〈偏移〉:20,30,40(A 点)

指定下一点或[放弃(U)]:20,200,40(B 点)

指定下一点或[放弃(U)]:100,200,40(C 点)

指定下一点或[闭合(C)/放弃(U)]:100,300,40(D 点)

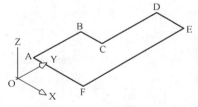

图 6-10 三维空间的点

指定下一点或[闭合(C)/放弃(U)]:200,300,40(E 点)

指定下一点或[闭合(C)/放弃(U)]:200,30,40(F 点)

指定下一点或[闭合(C)/放弃(U)]:20,30,40(A 点)(图 6-10)

(2)三维空间点的 Z 坐标可用修改厚度命令得到。

选择特性图标,修改(图 6-11)的厚度为 200(图 6-12)。

(3)三维空间点的 Z 坐标还可用修改标高命令得到。

选择特性图标,修改(图 6-11)的标高为 240(图 6-13)。

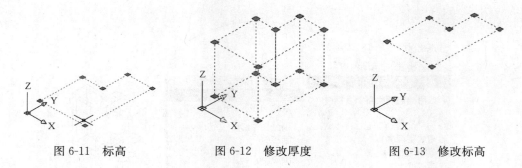

图 6-11 标高   图 6-12 修改厚度   图 6-13 修改标高

6.11.2 三维线的绘制

(1) 连接两个三维点的连线。

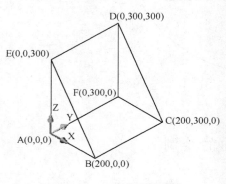

图 6-14 三维线的绘制

命令：_line 指定第一点：0，0，0(A 点)

指定下一点或[放弃(U)]：200，0，0(B 点)

指定下一点或[放弃(U)]：200，300，0(C 点)

指定下一点或[闭合(C)/放弃(U)]：0，300，300(D 点)

指定下一点或[闭合(C)/放弃(U)]：0，0，300(E 点)

命令：_line 指定第一点：0，0，0(A 点)

指定下一点或[放弃(U)]：0，300，0(F 点)

(图 6-14)

(2) 三维空间线的 Z 坐标可用修改厚度命令得到。

选择特性图标 ，选择 ED(图 6-15)，修改 ED 厚度为 200(图 6-16)。

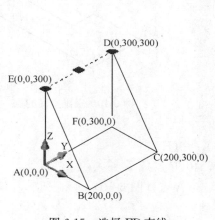

图 6-15 选择 ED 直线

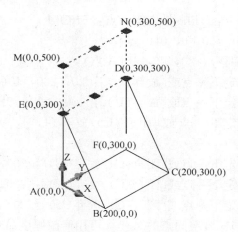

图 6-16 修改厚度为 200

6.11.3 三维面的绘制

用 3DFACE 命令绘制三维面：3DFACE 可以绘制三维空间任意位置的平面，平面的顶点不超过 4 个，3DFACE 构造的平面只显示其棱线。

绘制三维点后(图 6-17)，输入 3DFACE，依次输入 A，M，K，D 四点的三维坐标即可得到 AMKD 平面，同理可得其他 3 个方向的 3 个平面(图 6-18)。

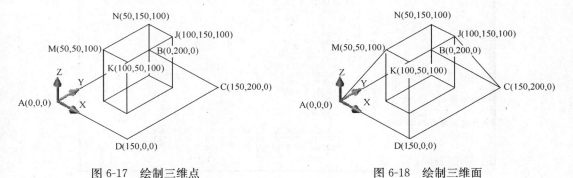

图 6-17　绘制三维点　　　　　　　　　　图 6-18　绘制三维面

3DFACE 命令：3f
3DFACE 指定第一点或[不可见(I)]：0，0，0(输入 A 点坐标)
指定第二点或[不可见(I)]：50，50，100(输入 M 点坐标)
指定第三点或[不可见(I)]：100，50，100(输入 K 点坐标)
指定第四点或[不可见(I)]：150，0，0(输入 D 点坐标)(图 6-17)
(再执行 3 次 3F 命令绘制其他 3 个面)(图 6-18)
三维空间面的 Z 坐标还可用修改标高命令输入。

6.12　计算实体体积

怎样设计计算图 6-20 所示实体的体积?

1. 目的要求

计算实体的体积。

2. 操作指导

点击查询工具条，点击质量特性图标(图 6-19)，点击实体(图 6-20)，在质量特性对话框中显示实体体积等数据(图 6-21)。

图 6-19　查询对话框

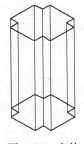

图 6-20　实体

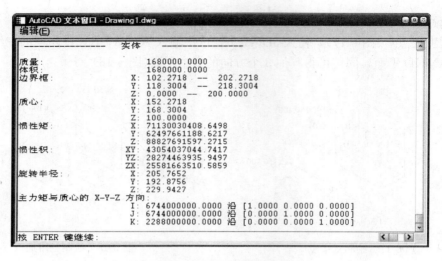

图 6-21　质量特性对话框

6.13　计算实体的面积

设计计算图 6-23 所示实体的内外总表面积。

1. 目的要求

计算实体的面积。

2. 操作指导

点击查询工具条,点击质量特性面积标识符(图 6-22),按提示在命令提示区输入对象 O,点击实体(图 6-23),在命令提示区显示实体内外总表面积。

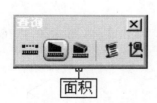

图 6-22　查询对话框

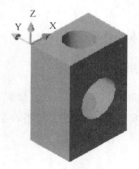

图 6-23　实体

命令:'_ units
命令:_ area
指定第一个角点或[对象(O)/加(A)/减(S)]:O
选择对象:
面积=20219,周长=0

6.14 二维模型与三维模型的布局

打印模型的三种布局方法：

(1)缩小图形法：先用 LIMITS 设置图形界限，按照 1∶1 的比例绘制建筑平面图形(图 6-24)。绘制图形的过程中不需换算单位，绘制完图形后，用 SCALE 命令将图形缩小 100 倍，并放置到二号图纸之中。此时，标注尺寸也缩小了 100 倍，若需标注尺寸保持不变，点击标注样式，点击主单位，修改比例因子为 100(图 6-25)，点击确定。

(2)放大图纸法：先用 LIMITS 设置图形界限，按照 1∶1 的比例绘制图形，绘制图形的过程中不需换算单位，绘制完图形后，用 SCALE 命令将二号图纸放大 100 倍，并把图形移到放大后的图纸之中，用 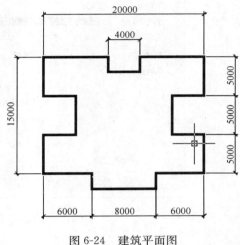 两个命令调整布局。

图 6-24　建筑平面图

(3)模型空间与图纸空间转换法：绘制完图形后，点击模型开关，显示页面设置对话框(图 6-26)，在图纸尺寸栏选择二号图纸，点击确定后，显示图纸空间(图 6-27)，绘制标题栏。若需调整布局，再点击图纸开关，回到模型状态，用 两个命令调整布局。

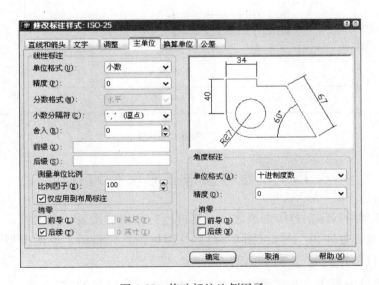

图 6-25　修改标注比例因子

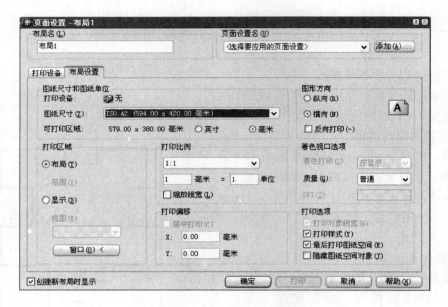

图 6-26 页面设置对话框

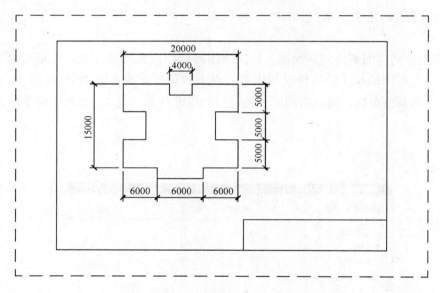

图 6-27 显示图纸空间

6.15 二维模型与三维模型的打印

(1)二维模型的打印:打印图纸之前,要进行打印机的设置,点击打印图标,点击打印设备开关,选择打印机型号,(图 6-28)。打印机设置完备后,点击模型开关,回到图纸状态,点击打印开关 ,即可出图。

(2)三维模型的打印:在三维视图中,标注的文字是倾斜的(图 6-29),若需以正常形

图 6-28 选择打印机型号

式显示,其操作方法是:点击视图 UCS ⌐,坐标变换后,即可在标题栏或其他绘图区域输入文字(图 6-30)。

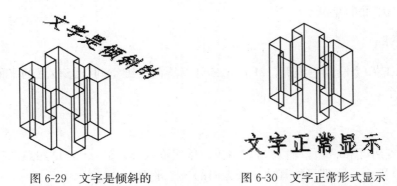

图 6-29 文字是倾斜的　　　　图 6-30 文字正常形式显示

6.16 上 机 实 验

实验 1 三维视点的设置

1. 目的要求

三维模型通过三维视点位置的设置而观察到,三维模型实际上是平面图形增加了厚度,三维模型可通过多种建模方法得到。

2. 操作指导

选择（视图），选择（三维视图），选择（视点设置）。
用对话框设置视点。
用鼠标拨动指针，确定角 A 与角 P，随之视点确定。

实验 2　设置多视口，观察各视点的图形

1. 目的要求

显示墙体四视图，其中只有一个视图是当前视图，若需修改某一视图，必需选择此视图也称为激活视图。

2. 操作指导

选择（视图），选择（视口），选择（新建视口），选择四视图（图 12-25），选择（确定）。

实验 3　三维视图动态观察

1. 目的要求

交互式动态观察三维视图。

2. 操作指导

选择（视图），选择（三维动态观察器）。

实验 4　三维面的绘制

1. 目的要求

用 3DFACE 命令绘制三维面，3DFACE 可以绘制三维空间任意位置的平面，平面的顶点不超过 4 个。

2. 操作指导

绘制三维点后（图 6-17），输入 3DFACE，依次输入 A，M，K，D 四点的三维坐标即可得到 AMKD 平面，同理可得其他 3 个方向的 3 个平面。

思 考 题

1. 怎样用罗盘设置视点？
2. 怎样设置多视口，观察各视点的图形？
3. 怎样设置透视观察三维视图方式？
4. 举例说明三维点的绘制方法。
5. 怎样设置连续观察三维视图？
6. 怎样设计计算图 6-31 所示屋顶实体的体积与面积？
提示：用复制面命令先复制实体的各个面，点击查询工具条，点击质量特性面积标识

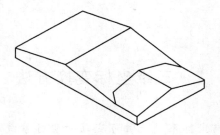

图 6-31 屋顶实体

符,在命令提示区输入对象 O,分别点击实体的各个面,在命令提示区显示实体各个面的面积。

7. 打印图纸时,在什么情况下需要修改标注比例因子?

8. 在三维视图中,标注的文字是倾斜的,打印时怎样纠正?

7 三维坐标变换方法

教学要求：(UCS)用户坐标系是一种可变动的坐标系统，(UCS)是用于坐标输入，大多数CAD的三维建模，三维编辑命令取决于(UCS)的位置和方向，(UCS)命令设置用户坐标系在三维空间中的X、Y、Z三个方向。本章让学生了解UCS用户坐标系是一种可变动的坐标系统，多数CAD的建模与编辑命令取决于UCS的位置和方向。本章让学生学会用7种方法定义新坐标系。

7.1 三维坐标系工具条

三维坐标系工具条如图7-1所示。

图7-1 三维坐标系工具条

7.2 三维坐标系

CAD坐标系有两种，一种是世界坐标系(WCS)，世界坐标系的坐标原点在绘图界面的左下角，坐标值的计算是以原点为参照点的。另一种是用户坐标系(UCS)，三维绘图时，需在不同的视图绘制，这就需要确定新的坐标系原点和X、Y、Z的方向。UCS三维坐标系中，X、Y、Z的相互位置及方向符合右手定律，坐标系原点可移动，X、Y、Z的方向可旋转。坐标系原点移动后，用户坐标系(UCS)要回到世界坐标系(WCS)只需按回车键即可。

定义的坐标系是Z轴垂直X、Y平面，X、Y、Z的方向由UCS的7种命令决定(图7-2)。

UCS用户坐标系是一种可变动的坐标系统。大多数CAD的编辑命令取决于UCS的位置和方向。UCS命令设置用户坐标系在三维空间中的X、Y、Z三个方向，它还定义了二维对象的拉伸方向。CAD共有7种方法定义新坐标系。改变坐标原点的位置或改变X轴、Y轴、Z轴与X、Y平面的方向，3点确定UCS等。

(1)X轴旋转90°确定UCS

同理UCS绕Y轴旋转90°与UCS绕Z轴旋转90°会得到不同的用户坐标系(图7-3)。

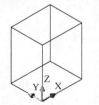

图7-2 定义用户坐标系

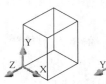

图 7-3 旋转 90°确定 UCS

UCS 绕 X 轴旋转 30°：UCS 绕 X 轴的顺时针方向旋转。(图 7-4)。
UCS 绕 X 轴旋转－30°：UCS 绕 X 轴的逆时针方向方向旋转(图 7-5)。

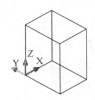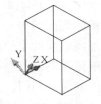

图 7-4　UCS 绕 X 旋转 30°　　　　图 7-5　UCS 绕 X 旋转－30°

命令：_ ucs
输入选项
[新建(N)/移动(M)/正交(G)/上一个(P)/恢复(R)/保存(S)/删除(D)/应用(A)/？/世界(W)]
〈世界〉：_ x
指定绕 X 轴的旋转角度〈90〉：30(UCS 旋转 30°)。

命令：_ ucs
输入选项
[新建(N)/移动(M)/正交(G)/上一个(P)/恢复(R)/保存(S)/删除(D)/应用(A)/？/世界(W)]
〈世界〉：_ x
指定绕 X 轴的旋转角度〈90〉：－30，(UCS 旋转－30°)。

(2)三点确定 UCS

指定新 UCS 原点及其 X 和 Y 轴的正方向。Z 轴的正方向由右手定则确定(四指转向方向代表 X 轴转向 Y 轴，母指方向代表 Z 轴指向方向，Z 轴垂直于 X、Y 平面)。用此选项可指定三维空间的任意坐标系。第一点指定新 UCS 的原点，第二点定义了 X 轴的正方向，第三点定义了 Y 轴的正方向。第三点可以位于新 UCS XY 平面的正 Y 轴范围上的任何位置。先点击 0 点，再点击 1 点与 2 点，0、1、2 三个点确定的平面是左侧面(图 7-6)。

命令：_ ucs
输入选项

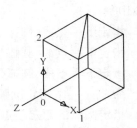

图 7-6　三点确定 UCS

[新建(N)/移动(M)/正交(G)/上一个(P)/恢复(R)/保存(S)/删除(D)/应用(A)/?/世界(W)]

〈世界〉:_3

指定新原点〈0,0,0〉:(O点)

在正X轴范围上指定点〈198.4813,127.3528,0.0000〉:(1点)

在UCS XY平面的正Y轴范围上指定点〈198.4813,127.3528,0.0000〉:(2点)

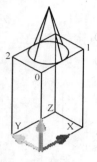

图7-7 在立方体的表面画圆锥体

在立方体的表面画圆锥体:

三点确定UCS的顶面和Z轴的正方向(图7-7)。

命令:_cone

当前线框密度:ISOLINES=4

指定圆锥体底面的中心点或[椭圆(E)]〈0,0,0〉:

指定圆锥体底面的半径或[直径(D)]:20

指定圆锥体高度或[顶点(A)]:50

在立方体的前面画门:

3点确定立方体的前面及Z轴方向(图7-8)。

用户坐标系UCS定义好后,可用厚度与标高确定

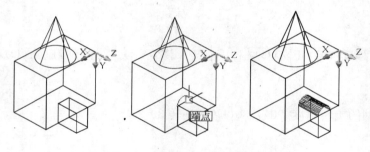

图7-8 在立方体的前面画门

三维网格模型。对象的标高对应该平面的Z坐标值,对象的厚度是对象被拉伸的距离。

命令:elev

指定新的默认标高〈0.0000〉:

指定新的默认厚度〈0.0000〉:100

命令:_pline

指定起点:〈正交 开〉

指定下一个点或[圆弧(A)/半宽(H)/长度(L)/放弃(U)/宽度(W)]:〈对象捕捉 关〉100

指定下一点或[圆弧(A)/闭合(C)/半宽(H)/长度(L)/放弃(U)/宽度(W)]:70

指定下一点或[圆弧(A)/闭合(C)/半宽(H)/长度(L)/放弃(U)/宽度(W)]:100

指定下一点或[圆弧(A)/闭合(C)/半宽(H)/长度(L)/放弃(U)/宽度(W)]:c

命令:_arc 指定圆弧的起点或[圆心(C)]:〈对象捕捉 开〉

指定圆弧的第二个点或[圆心(C)/端点(E)]:〈对象捕捉 关〉

指定圆弧的端点:〈对象捕捉开〉(图7-8)

在立方体的左侧面画窗：

3点确定立方体的左侧面及Z轴方向（图7-9）。

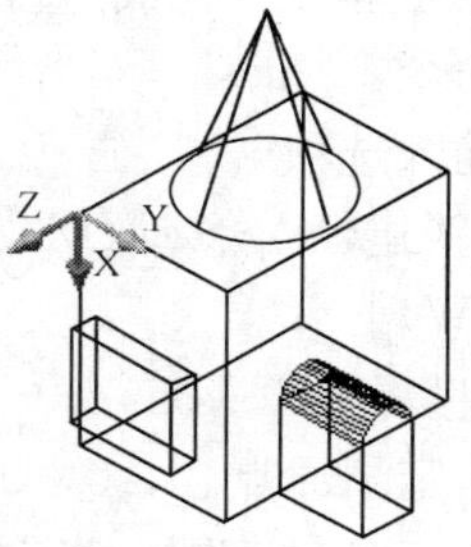

命令：_ucs

输入选项

[新建(N)/移动(M)/正交(G)/上一个(P)/恢复(R)/保存(S)/删除(D)/应用(A)/?/世界(W)]

〈世界〉：_fa

选择实体对象的面：

输入选项[下一个(N)/X轴反向(X)/Y轴反向(Y)]〈接受〉：

图7-9 在立方体的左侧面画窗

命令：elev

指定新的默认标高〈0.0000〉：

指定新的默认厚度〈100.0000〉：30

命令：_pline

指定起点：

指定下一个点或[圆弧(A)/半宽(H)/长度(L)/放弃(U)/宽度(W)]：100

指定下一点或[圆弧(A)/闭合(C)/半宽(H)/长度(L)/放弃(U)/宽度(W)]：120

指定下一点或[圆弧(A)/闭合(C)/半宽(H)/长度(L)/放弃(U)/宽度(W)]：100

指定下一点或[圆弧(A)/闭合(C)/半宽(H)/长度(L)/放弃(U)/宽度(W)]：c

命令：_move

选择对象：找到1个

指定基点或位移：〈对象捕捉 开〉指定位移的第二点或〈用第一点作位移〉：50

命令：_move

选择对象：找到1个

指定基点或位移：指定位移的第二点或〈用第一点作位移〉：20（图7-9）

（3）拉伸正Z轴方向确定UCS

先点击第一点即新的坐标原点，再点击第二点即Z轴的方向。

点击图标，点击球的圆点，即新的坐标原点，再点击第二点即Z轴的方向，X、Y平面垂直于新的Z轴。绘制要拉伸的小圆，执行拉伸命令（图7-10）。

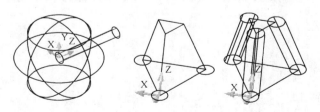

图7-10 拉伸正Z轴方向确定UCS

命令：_sphere

指定球体球心〈0，0，0〉：

指定球体半径或[直径(D)]：50

命令：_ucs

输入选项

[新建(N)/移动(M)/正交(G)/上一个(P)/恢复(R)/保存(S)/删除(D)/应用(A)/?/世界(W)]

〈世界〉：_zaxis

指定新原点〈0,0,0〉：〈对象捕捉　开〉

在正Z轴范围上指定点〈710.1021,772.7029,1.0000〉：

命令：_circle 指定圆的圆心或[三点(3P)/两点(2P)/相切、相切、半径

指定圆的半径或[直径(D)]：

命令：_extrude

选择对象：找到1个

指定拉伸高度或[路径(P)]：80

指定拉伸的倾斜角度〈0〉：(图7-10)

(4) 改变坐标原点的位置，确定新的UCS

通过移动当前UCS的原点，保持其X、Y和Z轴方向不变，从而定义新的UCS。也就是说执行此命令后指定了新的原点。

改变坐标原点位置，使小矩形向Z轴正方向移动20：(图7-11)

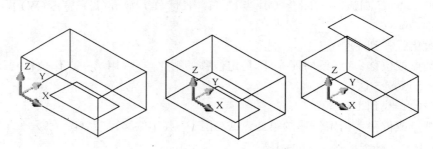

图7-11　小矩形向Z轴正方向移动20

命令：_ucs

输入选项

[新建(N)/移动(M)/正交(G)/上一个(P)/恢复(R)/保存(S)/删除(D)/应用(A)/?/世界(W)]

〈世界〉：_o

指定新原点〈0,0,0〉：

命令：_move

选择对象：找到1个

指定基点或位移：指定位移的第二点，或〈用第一点作位移的参照点〉：0,0,20(小矩形向Z轴正方向移动20)

绘制楼梯：

先点击图标，点击楼梯截面的新原点，使新的X、Y平面垂直于新的Z轴。拉伸

楼梯截面时，与 Z 轴方向相反，这时只需输入负拉伸高度(图 7-12)。

(5)面确定新的 UCS

将 UCS 与选定的面对齐。如果要选择某一个面，就在此面的边界内或面的边界上单击，被选中的面将亮显(图 7-13)。X 轴将与找到的面上的最近的边对齐(注意：被选中的对象是实体的面或边)。

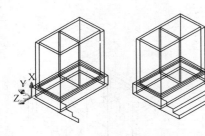

图 7-12　改变坐标原点的位置确定 UCS 绘制楼梯

管道的拉伸：

用面确定新的 UCS 后，拉伸路径垂直于管道截面，管道截面与 XY 平面平行。单击拉伸命令，单击管道截面，单击路径(图 7-14)。

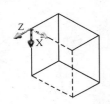  

图 7-13　面确定 UCS　　　　　　　　图 7-14　管道拉伸

命令：_ ucs
输入选项
[新建(N)/移动(M)/正交(G)/上一个(P)/恢复(R)/保存(S)/删除(D)/应用(A)/?/世界(W)]
〈世界〉：_ fa
选择实体对象的面：(立方体前面亮显)
命令：_ circle 指定圆的圆心或[三点(3P)/两点(2P)/相切、相切、半径(T)]：
指定圆的半径或[直径(D)]：(绘制管道截面)
命令：_ extrude
选择对象：找到 1 个
指定拉伸高度或[路径(P)]：p(管道沿路径拉伸)
选择路径拉伸实体：(注意实体轮廓垂直于路径)
在立方体的表面、前面、左侧面绘制管道路径：(图 7-15)
将 UCS 与选定的面对齐，绘制管道截面(图 7-16)，管道沿路径拉伸(图 7-17)。

(6)对象确定新的 UCS

根据选定的三维对象定义新的坐标系：

拉伸三维面上的圆，先点击 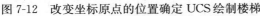，再选定三维面上的圆，定义新的坐标系，执行拉伸命令，沿正 Z 轴方向拉伸三维面上的圆(图 7-18)(注意：被选中的对象是多段线等轮廓线，也可是实体的边)。

(7)视图确定新的 UCS

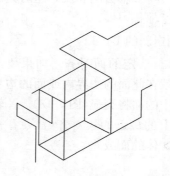 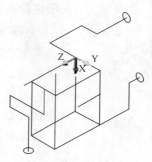 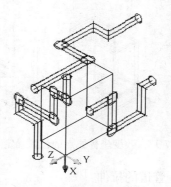

图 7-15 绘制管道路径　　图 7-16 绘制管道截面　　图 7-17 管道沿路径拉伸

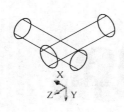 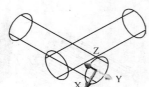 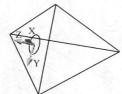 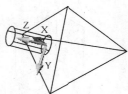

图 7-18 对象确定新的 UCS

此命令的作用是建立新的坐标系，新坐标系的 XY 平面平行于屏幕，UCS 原点保持不变。

给三维视图标注文字：

在三维视图中，标注的文字是倾斜的(图 7-19)，若需以正常形式显示，那么就要用 ⌞⌟ 变换 UCS 后，再输入文字(图 7-20)。操作方法是：点击 ⌞⌟，UCS 变换，即可输入文字。

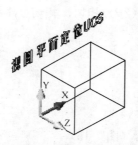 

图 7-19 文字与 UCS 对齐　　图 7-20 文字正常形式显示

7.3 世界坐标系

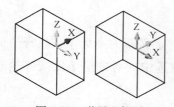

将当前用户坐标系设置为世界坐标系。WCS 是所有用户坐标系的基准，不能被重新定义。世界坐标系的 Z 轴垂直于顶面或底面(图 7-21)。

图 7-21 世界坐标系

7.4 绘制多层三维楼梯

(1)在前视图用多段线绘制楼梯后拉伸(图7-22)。

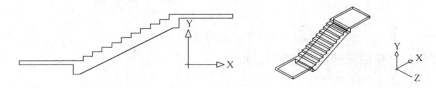

图7-22 多段线绘制楼梯后拉伸

(2)在前视图镜像楼梯(图7-23)。

图7-23 镜像楼梯

(3)在前视图移动楼梯并重叠(图7-24)。

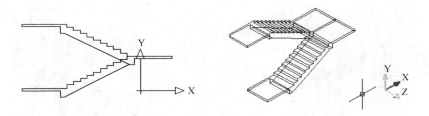

图7-24 移动楼梯并重叠

(4)在前视图阵列4层(图7-25)。

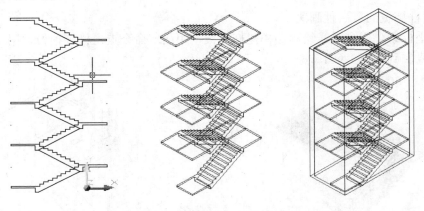

图7-25 阵列4层楼梯

(5)变换坐标系绘制楼梯栏杆：
变换坐标系绘制栏杆小圆然后拉伸(图7-26)。

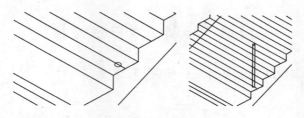

图 7-26 绘制楼梯栏杆

(6)复制栏杆然后三维镜像(图 7-27)。

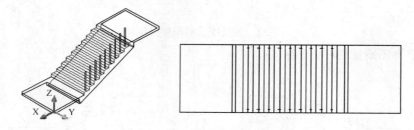

图 7-27 复制栏杆后镜像栏杆

(7)在前视图用多段线绘制楼梯栏杆挡板后,用拉伸命令拉伸挡板(图 7-28),在俯视图上镜像挡板(图 7-29),楼梯渲染图(图 7-30)。

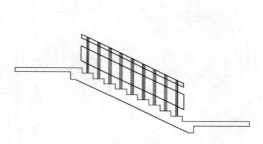

图 7-28 绘制楼梯栏杆挡板

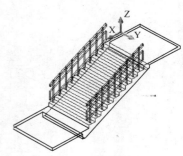

图 7-29 镜像挡板

(8)栏杆挡板的另一种画法

变换坐标系,用多段线绘制楼梯栏杆挡板,用面域命令点击栏杆挡板,用复制命令把栏杆挡板复制到栏杆上(图 7-31)。

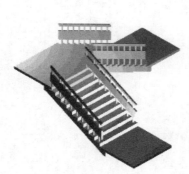

图 7-30 楼梯渲染图

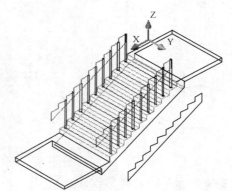

图 7-31 变换坐标系用多段线绘制楼梯栏杆挡板

7.5 在实体模型中使用动态 UCS

(1)使用动态 UCS 功能,可以在创建对象时使 UCS 的 XY 平面自动与实体模型上的平面临时对齐。

(2)使用绘图命令时,可以通过在面的一条边上移动指针对齐 UCS,而无需使用 UCS 命令。结束该命令后,UCS 将恢复到其上一个位置和方向。

(3)对实体模型使用动态 UCS。例如,可以使用动态 UCS 在实体模型的一个角度面上创建矩形,如图 7-32 所示。

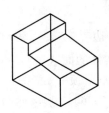 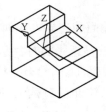 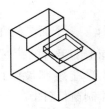

　　选定的面　　　动态UCS的基点和原点　　　结果

图 7-32　对实体模型使用动态 UCS

在图 7-32 左侧的插图中,UCS 未与角度面对齐,此时,可以在状态栏上打开动态 UCS 或按 F6 键,将指针的 X 轴移动到矩形边的上方时,光标将更改为显示动态 UCS 轴的方向。此时,可以在角度面上拉伸对象,如图 7-32 右侧插图所示。

(4)注意要在光标上显示 XYZ 标签,请在"动态 UCS"按钮上 DUCS 单击鼠标右键并单击"显示十字光标标签"。

(5)动态 UCS 的 X 轴沿面的一条边定位,且 X 轴的正向始终指向屏幕的右半部分。动态 UCS 仅能检测到实体的前向面。

(6)可以使用动态 UCS 的命令类型包括:

简单几何图形:直线、多段线、矩形、圆弧、圆。

文字:文字、多行文字、表格。

参照:插入、外部参照。

实体:原型和 POLYSOLID。

编辑:旋转、镜像、对齐。

其他:UCS、区域、夹点工具操作。

提示:通过打开动态 UCS 功能,然后使用 UCS 命令定位实体模型上某个平面的原点,可以将 UCS 与该平面对齐。

(7)如果打开了栅格模式和捕捉模式,它们将与动态 UCS 临时对齐。栅格显示的界限自动设置。

(8)在面的上方移动指针时,通过按 F6 键或 SHIFT+Z 组合键可以临时关闭动态 UCS。

注意:仅当命令处于活动状态时动态 UCS 才可用。

7.6 上机实验

实验 1 面确定新的(UCS)，定义用户坐标系，绘制开窗屋顶

1. 目的要求

面确定新的(UCS)，此命令设置用户坐标系在三维空间中的 X、Y、Z 三个方向，它还定义了二维对象的拉伸方向。

2. 操作指导

选择 ⊡，选择某一个面，就在此面的边界内或面的边界上选择，被选中的面将亮显，X 轴将与找到的面上的最近的边对齐(被选中的对象是实体的面或边)，(UCS)与选定的面对齐。在辅助立方体上绘制坡屋顶截面(图 7-33)，拉伸屋顶截面(图 7-34)，变换坐标，在辅助立方体上绘制窗口(图 7-35)，拉伸窗口截面(图 7-36)，删除辅助立方体，布尔减窗口(图 7-37)，渲染图(图 7-38)。

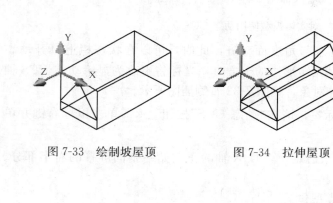
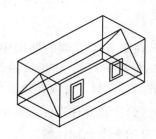

图 7-33 绘制坡屋顶　　　　图 7-34 拉伸屋顶　　　　图 7-35 绘制窗口

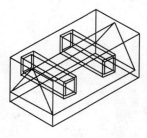
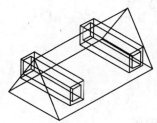

图 7-36 拉伸窗口　　　　图 7-37 布尔减窗口　　　　图 7-38 渲染图

实验 2 三点确定 UCS，绘制波浪屋顶

1. 目的要求

用此选项可指定三维空间的任意坐标系。第一点指定新 UCS 的原点，第二点定义了 X 轴的正方向，第三点定义了 Y 轴的正方向。

2. 操作指导

在前视图上绘制波浪屋顶截面(图 7-39),拉伸屋顶截面(图 7-40),变换坐标,三点确定 UCS,在俯视图上绘制圆柱截面并拉伸(图 7-41),移动波浪屋顶时,在俯视图与轴测图上用捕捉中点的方法调整(图 7-42),用 MOVE 移动波浪屋顶到圆柱上(图 7-43),渲染图(图 7-44)。

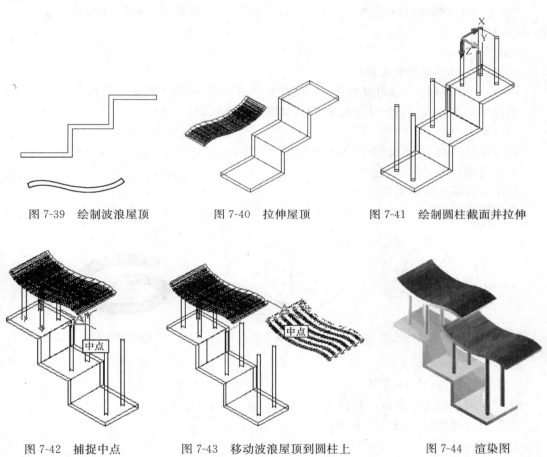

图 7-39 绘制波浪屋顶　　图 7-40 拉伸屋顶　　图 7-41 绘制圆柱截面并拉伸

图 7-42 捕捉中点　　图 7-43 移动波浪屋顶到圆柱上　　图 7-44 渲染图

实验 3 管道的拉伸

1. 目的要求

在俯视图上绘制管道轨迹,管道轨迹垂直于管道截面。

2. 操作指导

用多段线绘制管道轨迹(图 7-45):
命令:_pline
指定起点:
指定下一点或[圆弧(A)/闭合(C)/半宽(H)/长度(L)/放弃(U)/宽度(W)]:a

指定圆弧的端点或

[角度(A)/圆心(CE)/闭合(CL)/方向(D)/半宽(H)/直线(L)/半径(R)/第二个点(S)/放弃(U)/宽度(W)]：l

变换 UCS 绘制管道截面（图 7-46）：

命令：_ ucs

输入选项

[新建(N)/移动(M)/正交(G)/上一个(P)/恢复(R)/保存(S)/删除(D)/应用(A)/?/世界(W)]

〈世界〉：_ x

指定绕 X 轴的旋转角度〈90〉：

命令：_ circle 指定圆的圆心或[三点(3P)/两点(2P)/相切、相切、半径(T)]：

指定圆的半径或[直径(D)]〈5.7933〉：〈对象捕捉　关〉

命令：_ offset

指定偏移距离或[通过(T)]〈1.0000〉：2（管道厚度）

选择要偏移的对象或〈退出〉：

指定点以确定偏移所在一侧：

拉伸管道：（图 7-47）

 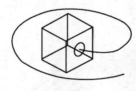 

图 7-45　绘制管道轨迹　　图 7-46　绘制管道截面　　图 7-47　沿拉伸路径拉伸管道

命令：_ extrude

当前线框密度：ISOLINES=4

选择对象：指定对角点：找到 2 个

指定拉伸高度或[路径(P)]：p

选择拉伸路径：

命令：_ subtract 选择要从中减去的实体或面域…

选择对象：找到 1 个

选择要减去的实体或面域…

选择对象：找到 1 个

实验 4　拉伸正 Z 轴方向确定 UCS，绘制球形建筑物屋顶

1. 目的要求

拉伸正 Z 轴方向确定 UCS。

2. 操作指导

绘制圆台三角架截面及拉伸轨迹（图 7-48），沿轨迹拉伸三角架截面（图 7-49），选择

⌐，球心为坐标新原点，选择 ○，输入圆球半径，选择 ⌐ᶻ，选择 Z 轴方向（图 7-50），在俯视图上用 PLINE 命令绘制支架外形图（图 7-51），选择 ⌐▯ 用拉伸命令拉伸支架（图 7-52），选择 ⌐，选择支架，支架中心为坐标新原点，选择 ○，使球心与支架中心重合（图 7-53），在俯视图上绘制圆锥底面并拉伸渲染（图 7-54）。

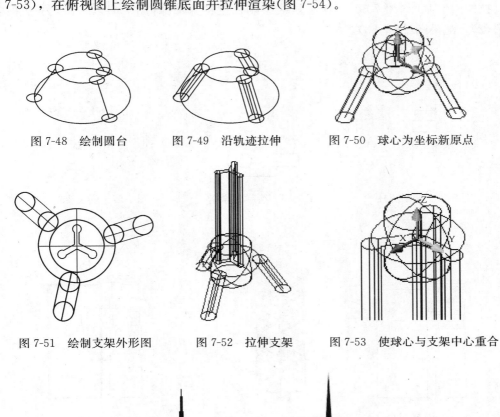

图 7-48　绘制圆台　　　图 7-49　沿轨迹拉伸　　　图 7-50　球心为坐标新原点

图 7-51　绘制支架外形图　　图 7-52　拉伸支架　　图 7-53　使球心与支架中心重合

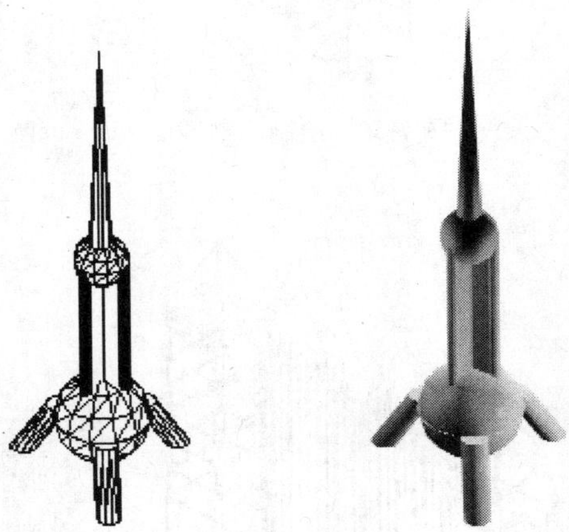

图 7-54　绘制圆锥底面并拉伸渲染

实验 5　大铁门的画法

1. 目的要求

用面确定 UCS，变换坐标绘制门框截面。

2. 操作指导

绘制门柱(图 7-55),在俯视图上绘制旋转支撑座(图 7-56),安装旋转支撑座(图 7-57)。用多段线绘制门框外形(图 7-58),用面确定 UCS,变换坐标绘制门框截面(图 7-59),拉伸门框截面(图 7-60),用多段线绘制铁栏杆并镜像(图 7-61),镜像另一半大门(图 7-62),渲染图(图 7-63)。

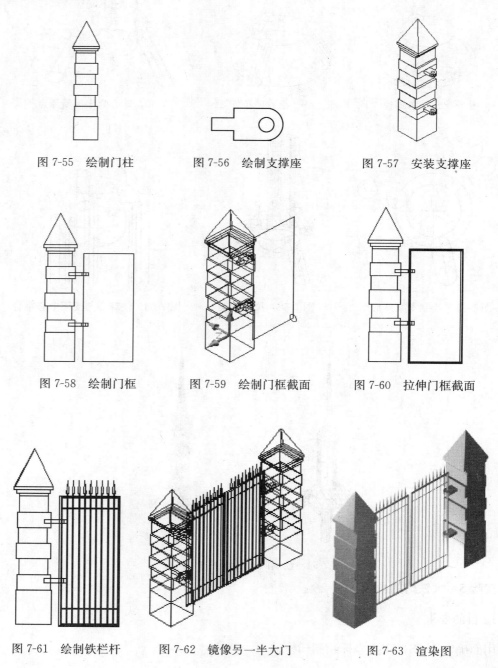

图 7-55　绘制门柱　　图 7-56　绘制支撑座　　图 7-57　安装支撑座

图 7-58　绘制门框　　图 7-59　绘制门框截面　　图 7-60　拉伸门框截面

图 7-61　绘制铁栏杆　　图 7-62　镜像另一半大门　　图 7-63　渲染图

实验6 三层支架的画法

1. 目的要求

学会定标高绘制各层支架，旋转坐标轴使钢管路径垂直XY平面，在轴测图上绘制钢管截面。

2. 操作指导

绘制钢管支撑杆。在俯视图上绘制大圆与小圆，作辅助矩形，定标高后再画中圆（图7-64），在俯视图上把三个圆修减为一半（图7-65），变换坐标系，选择 图标，选择钢管端点，旋转坐标轴使钢管路径垂直XY平面，在轴测图上绘制钢管截面（图7-66），拉伸钢管截面并镜像（图7-67），在俯视图上绘制钢管支撑杆和四个小圆，（注意：A、B、C、D、E五个点都在钢管中线上）（图7-68），变换坐标系，绘制四个小圆（图7-69），拉伸四个小圆（图7-70），在俯视图上阵列钢管支撑杆（图7-71）渲染图（图7-72）。

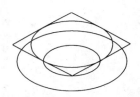

图7-64 绘制大圆与小圆及中圆　　图7-65 圆修减为一半　　图7-66 绘制钢管截面

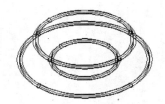  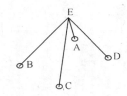

图7-67 拉伸钢管并镜像　　图7-68 绘制钢管支撑杆　　图7-69 绘制四个小圆

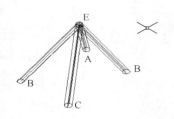 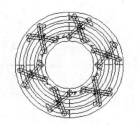 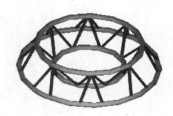

图7-70 拉伸四个小圆　　图7-71 阵列钢管支撑杆　　图7-72 渲染图

思 考 题

1. 为什么说 UCS 用户坐标系是一种可变动的坐标系统?
2. UCS 绕 X 轴的正方向旋转,其 Z 轴的方向怎样确定?
3. 面确定新的 UCS 与对象确定新的 UCS 时,所选中的对象有什么样的差别?
4. 在三维视图中标注文字,文字若需以正常形式显示,需用什么命令确定 UCS?
5. 怎样在实体模型中使用动态 UCS?

8 三维实体建模

教学要求：AutoCAD2008提供了12种3维建模方法，利用CAD建模方法，可以绘出形象逼真的立体图形，实体的3D建模，广泛应用于建筑、机械设计及广告领域。本章让学生了解可用多种建模方法得到三维模型，针对不同的模型应用不同的建模方法建模。在建模设计中遇到问题时，应根据各种模型成形的过程具体分析。合理、灵活、快速地应用这些建模方法来建立三维模型。AutoCAD2008 比 AutoCAD2004 增加了 3 种建模法：三维放样建模法、三维扫掠建模法、三维多实体建模法。

8.1 拉 伸 法

1. 功能：用EXTRUDE命令 拉伸创建建筑物各部分的三维模型，拉伸命令还可以沿指定路径P拉伸对象或按指定高度值和倾斜角度拉伸对象。

2. 操作：选择 ，选择要拉伸的对象，输入拉伸的高度。

(1) 绘制建筑物各部分：

用多段线在俯视图上绘制建筑平面图及晾台剖面轮廓(图 8-1)，拉伸晾台(图8-2)，绘制窗台轮廓(图 8-3)，拉伸窗台(图 8-4)，绘制楼梯轮廓(图 8-5)，拉伸楼梯(图 8-6)，拉伸雨篷(图 8-7)。

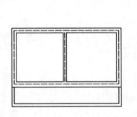 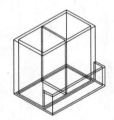 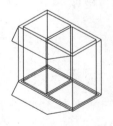 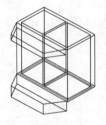

图 8-1 绘制晾台轮廓　　图 8-2 拉伸晾台　　图 8-3 绘制窗台轮廓　　图 8-4 拉伸窗台

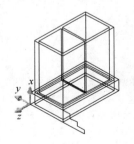 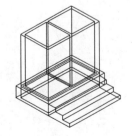 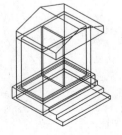

图 8-5 绘制楼梯轮廓　　　　图 8-6 拉伸楼梯　　　　图 8-7 拉伸雨篷

(2) 拉伸装饰条：在右视图上用多段线绘制装饰条轨迹并沿轨迹拉伸(图 8-8)。

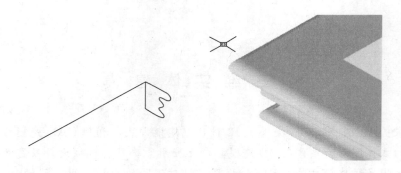

图 8-8 拉伸装饰条

3. 说明：绘制建筑物各部分轮廓的平面图形，用 REGION 命令使各部分轮廓生成面域，再用 EXTRUDE 命令拉伸，创建建筑物各部分的三维模型。拉伸命令还可以沿指定路径 P 拉伸对象或按指定高度值和倾斜角度拉伸对象。

如果用直线或圆弧来创建轮廓，在使用 EXTRUDE 之前需用 PEDIT 的（合并）J 命令把它们转换成单一的多段线或使它们成为一个面域。拉伸的对象为平面三维面、封闭多段线、多边形、圆、椭圆、封闭样条曲线、圆环和面域，不能拉伸具有相交的多段线，如果选定的多段线具有宽度，CAD 将忽略其宽度并且从多段线路径的中心线处拉伸，如果选定对象具有厚度，CAD 将忽略该厚度而进行拉伸。

拉伸不同的（UCS）上的平面图形时，要用（UCS）命令变换用户坐标系，使之定义为当前坐标系，使用（UCS）命令变换用户坐标系时，用其中的 3 点确定（UCS）子命令，3 点确定（UCS）子命令直观快速，不易出错，拉伸不同的（UCS）上的平面图形时，使用（UCS）命令的旋转用户坐标系命令，使之定义为当前坐标系，也是一种快速定位用户坐标系的方法，变换用户坐标系共有七种方法，可以沿指定路径拉伸对象或按指定高度值和倾斜角度拉伸对象。

8.2 布尔运算法

1. 功能：可对三维实体和二维面域进行（UNION）、（SUBTRACT）、（INTERSECT）的操作（图 8-9）。

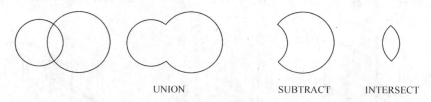

图 8-9 布尔运算法

2. 操作：

（1）布尔并 ⓞ：组合实体是两个或多个实体的体积合并而形成的，五个立方体合并为一个实体（图 8-10）。

（2）布尔减⊚：从第一个对象减去第二个对象，得到一个新的实体或面域，大立方体布尔减四个小立方体后得到一个缺了四个角的实体(图 8-11)。

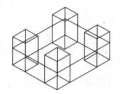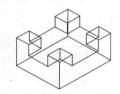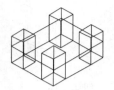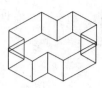

图 8-10　布尔并　　　　　　　　　　　　图 8-11　布尔减

（3）布尔交⊚：两个或多个面域的重叠面积和两个或多个实体的公用部分的体积，两个立方体布尔交后得到的实体是它们的公共部分(图 8-12)。

绘制空心楼板：用多段线绘制楼板(图 8-13)，用拉伸命令拉伸楼板外围及五个圆孔(图 8-14)，楼板布尔减⊚圆孔并着色(图 8-15)。

图 8-12　布尔交

3. 说明：相交的实体，通过搭积木和挖切的方法，并用 CAD 的布尔运算命令（SUBTRACT）、（UNION）、（INTERSECT）得到要画的相贯模型，使用布尔运算的命令，可对建筑物进行壳体生成、拼接、搭积、挖切等。

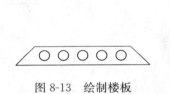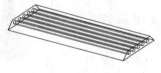

图 8-13　绘制楼板　　　　图 8-14　拉伸楼板　　　　图 8-15　楼板着色

8.3　剖　切　法

1. 功能：切开实体并移去不要的部分，从而得到新的实体。
2. 操作：输入 SLICE，选择对象，指定三点定义剪切平面，选择要保留的部分。
3. 说明：使用 SLICE 命令可以切开实体并移去不要的部分，从而得到新的实体，可以保留剖切实体的一半或全部，剖切实体保留原实体的图层和颜色特性。剖切实体的默认方法是：先指定三点定义剪切平面，然后选择要保留的部分；也可以通过其他对象、当前视图、Z 轴或 XY、YZ 或 ZX 平面来定义剪切平面，用 SLICE 命令剖切相贯建筑组合实体；还可用实体编辑 SOLIDEDIT 命令对剖切相贯建筑组合实体进行编辑，对建筑物的体与面可进行拉伸、移动、旋转、剖切等操作，还可快速获取建筑物的剖视图。

用 Z 轴剖切实体：通过平面上指定的一点和在平面的 Z 轴上指定另一点来定义剪切平面。

命令：_ slice

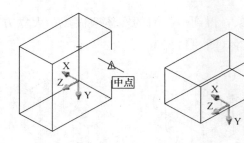

选择对象：找到 1 个
指定切面上的第一个点，依照［对象(O)/Z 轴(Z)/视图(V)/XY 平面(XY)/YZ 平面(YZ)/ZX 平面(ZX)/三点(3)］〈三点〉：Z
指定剖面上的点：(中点)
指定平面 Z 轴(法向)上的点：@200<90
在要保留的一侧指定点或［保留两侧(B)］］(图 8-16)。

图 8-16　用 Z 轴剖切实体

8.4　旋　转　法

1. 功能：使对象轮廓轨迹绕旋转轴旋转，而产生三维旋转实体模型。
2. 操作：选择 ，选择对象，选择旋转轴。
3. 说明：用多段线绘制建筑物的外轮廓轨迹，用旋转命令(REVOLVE)使外轮廓轨迹绕旋转轴旋转，而产生的模型是实体，对一些对称的外轮廓轨迹圆滑的建筑曲面的建模有特殊的功效(图 8-17)。

通过旋转二维对象来创建实体模型：可以旋转闭合多段线、多边形、圆、椭圆、闭合样条曲线、圆环和面域，不能旋转包含在块中的对象，不能旋转具有相交或自交线段，一次只能旋转一个对象，使用(REVOLVE)命令，可以将一个闭合对象围绕 X 轴或 Y 轴旋转一定角度来创建实体，

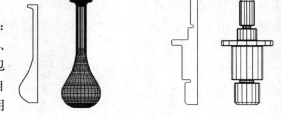

图 8-17　使外轮廓轨迹绕旋转轴旋转

也可以围绕直线、多段线或两个指定的点旋转对象，如果用直线或圆弧创建轮廓，可以使用(PEDIT)的(合并)选项将它们转换为单个多段线对象，然后使用(REVOLVE)命令。

8.5　标　高　法

1. 功能：设置建筑物几何对象的基准面标高和厚度，从而得到网格模型。
2. 操作：选择对象，在命令提示区输入 ELEV 命令，输入回车键，输入标高值。
3. 说明：通过(ELEV)命令可以设置建筑物几何对象的基准面标高和厚度，从而得到网格模型。零标高表示基准面，正标高表示建筑物几何体向基准面上面拉伸，负标高表示建筑物几何体向基准面下面拉伸，正、负厚度的表示方法与标高相同。

以一建筑物为例：建筑物的第一层是立方体，第二层是圆柱体，第三层是圆锥体，以立方体底面为基准面，第二层圆柱的基准面为立方体表面，第三层圆锥的基准面为圆柱的表面，依此类推，立方体下面的四个小圆柱是以立方体底面为基准面，用负标高拉伸所得(图 8-18)。

用样条曲线绘制等高线：先定标高，再绘制等高线(图 8-19)，轴测图观察等高线(图 8-20)。

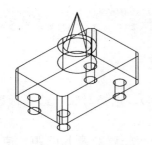  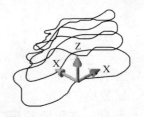

图 8-18　(ELEV)设置建筑物的基准面标高和厚度　　图 8-19　定标高绘制等高线　　图 8-20　轴测图观察等高线

修改建筑物标高建模：选中建筑物平面对象(图 8-21)，选择对象特性，修改标高为 100(图 8-22)，选择关闭，选择 ESC 两次(图 8-23)。

图 8-21　选中对象　　　　图 8-22　对象特性对话框　　　图 8-23　修改标高

8.6　镜像法建模

1. 功能：创建相对于某一平面的相反图象。
2. 操作：选择(修改)，选择(三维操作)，选择(三维镜像)，选择对象，选择对称面。
3. 说明：使用 MIRROR3D 命令可以沿指定的镜像平面创建对象的镜像图形，镜像平面可以是下列平面：平面对象所在的平面；通过指定点且与当前 UCS 的 XY、YZ 或 XZ 平面平行的平面；由选定三点定义的平面。

绘制房屋结构图：虚线所组成的建筑屋俯视图经过两次镜像得到建筑结构图(图8-24)。

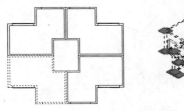

图 8-24　绘制房屋结构图

8.7 阵列法建模

1. 功能：创建有规律的行、列、层图形。
2. 操作：选择（修改），选择（三维操作），选择（三维阵列），选择对象，选择行数、列数、层数及其间距。
3. 说明：有规律的房屋阵列关键是确定阵列的行数、列数、层数及其间距，使用3DARRAY命令，可以在三维空间中创建对象的矩形阵列或环形阵列，除了指定列数（X方向）和行数（Y方向）以外，还要指定层数（Z方向）。

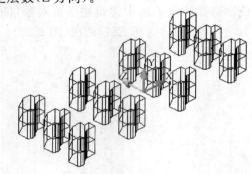

图 8-25　选择对象　　　　图 8-26　确定行数、列数、层数阵列

命令：_ limits
重新设置模型空间界限：
指定左下角点或[开(ON)/关(OFF)]〈0.0000,0.0000〉：
指定右上角点〈2000.0000,2000.0000〉：
命令：ZOOM
指定窗口角点，输入比例因子(nX 或 nXP)，或
[全部(A)/中心点(C)/动态(D)/范围(E)/上一个(P)/比例(S)/窗口(W)]〈实时〉：a
命令：_ 3darray
选择对象：指定对角点：找到 6 个（图 8-25）
输入阵列类型[矩形(R)/环形(P)]〈矩形〉：R
输入行数（———）〈1〉：3
输入列数（｜｜｜）〈1〉：4
输入层数（…）〈1〉：2
指定行间距（———）：200
指定列间距（｜｜｜）：400
指定层间距（…）：100（图 8-26）

8.8 厚度法建模

1. 功能：平面图形经修改厚度后变为三维模型。

2. 操作：选中对象（图 8-27），选择 对象特性，在对话框中修改厚度。

3. 说明：选中对象（图 8-27），选择 对象特性，在对话框中修改厚度为 150（图 8-28）。注意：在对象特性框中输入厚度值 150 后，双击 Esc 两次，显示修改后的三维对象（图 8-29）。

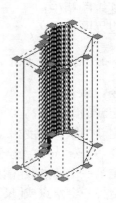

图 8-27　选中对象　　　图 8-28　修改厚度为 150　　　图 8-29　显示厚度

8.9　三维曲面建模法

创建三维多边形网格曲面：用 3D 命令建立的多边形网格表面可以消隐、着色和渲染，三维网格曲面工具条（图 8-30）。

图 8-30　三维网格曲面工具条

8.9.1　创建标准网络曲面

1. 功能：创建标准三维网格曲面。
2. 操作：选择（绘图），选择（建模），选择（网格）（图 8-31）。
3. 说明：选择三维网格曲面对话框中的三维对象，输入相应的参数。

8.9.2　创建四面体网格曲面

1. 功能：创建四面体网格曲面。
2. 操作：选择（绘图），选择（曲面），选择（三维曲面），选择棱锥面 。
3. 说明：用矩形绘制棱锥的底面，在四面体底面定义四个点 1、2、3、4，变标高绘制棱锥的顶面，在四面体顶面定义四个点 A、B、C、D（图 8-32）。选择棱锥面 ，依次选择 1、2、3、4、A、B、C、D（图 8-33），选择点的次序要注意定义点时的方向性。

　　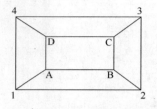　　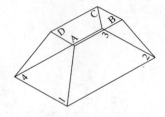

图 8-31　标准网络曲面　　图 8-32　绘制棱锥的两个矩形　　图 8-33　四面体网格曲面

命令：elev

指定新的默认标高〈0.0000〉：

指定新的默认厚度〈0.0000〉：

命令：_ rectang，（绘制1、2、3、4矩形）

指定第一个角点或[倒角(C)/标高(E)/圆角(F)/厚度(T)/宽度(W)]：

指定另一个角点或[尺寸(D)]：

命令：elev

指定新的默认标高〈0.0000〉：200

指定新的默认厚度〈0.0000〉：

命令：_ rectang（绘制A、B、C、D矩形）（图8-32）

指定第一个角点或[倒角(C)/标高(E)/圆角(F)/厚度(T)/宽度(W)]：

指定另一个角点或[尺寸(D)]：

命令：_ ai _ pyramid

指定棱锥面底面的第一角点：（选择1点）

指定棱锥面底面的第二角点：（选择2点）

指定棱锥面底面的第三角点：（选择3点）

指定棱锥面底面的第四角点或[四面体(T)]：（选择4点）

指定棱锥面的顶点或[棱(R)/顶面(T)]：T

指定顶面的第一角点给棱锥面：（选择A点）

指定顶面的第二角点给棱锥面：（选择B点）

指定顶面的第三角点给棱锥面：（选择C点）

指定第四个角点作为棱锥面的顶点：（选择D点）（图8-33）

8.9.3　创建旋转网格曲面

1. 功能：创建旋转曲面。

2. 操作：SURFTAB1命令设置线框密度为32，输入(_ revsurf)命令或选择 图标，选择轨迹，选择旋转轴，输入旋转角度。

3. 说明：绕选定轴创建旋转曲面，（REVSURF）将路径轮廓（直线、圆、圆弧、椭圆、椭圆弧、闭合多段线、多边形、闭合样条曲线或圆环）绕指定的轴旋转创建多边形网格曲面。绘制云线形旋转曲面：绘制多段线轨迹图形(图8-34)，用(SURFTAB1)命令设置线框密度为16，选择，选择云线形，选择旋转轴(图8-35)，渲染曲面(图8-36)。

 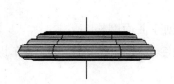 

图 8-34　绘制云线形　　　　图 8-35　旋转云线形　　　　图 8-36　渲染曲面

8.9.4　创建平移曲面

1. 功能：创建平移曲面。
2. 操作：选择 图标，选择轮廓曲线，选择方向矢量(图8-37)。
3. 说明：依照轮廓曲线与方向矢量来决定多边形网格曲面，轮廓曲线可以是直线、圆弧、圆、椭圆、二维或三维多段线(图8-38)，方向矢量指出轮廓曲线的拉伸方向和长度，在多段线或直线上选定的端点决定了拉伸的方向。

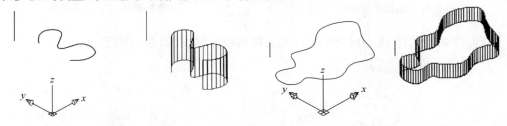

图 8-37　创建开放平移曲面　　　　　　图 8-38　创建封闭平移曲面

8.9.5　创建边界曲面

1. 功能：创建三维多边形曲面。
2. 操作：输入_edgesurf命令，按回车键，再分别选择四条边界曲线。
3. 说明：四条边界曲线不在同一坐标系(图8-39)。选择 或_edgesurf命令，再分别选择四条边界曲线(图8-40)。用EDGESURF命令创建的四个边界对象，边界可以是圆弧、直线、多段线、样条曲线和椭圆弧，并且边界的四个对象必须形成闭合环和共享端点。

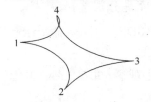 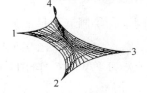

图 8-39　绘制四条边界曲线　　　　图 8-40　创建边界曲面

命令：_edgesurf
当前线框密度：SURFTAB1=32　SURFTAB2=6
选择用作曲面边界的对象(1点)

选择用作曲面边界的对象(2 点)

选择用作曲面边界的对象(3 点)

选择用作曲面边界的对象(4 点)

8.9.6 创建直纹曲面

1. 功能：在两个对象之间创建曲面网格。

2. 操作：输入_ rulesurf 命令或选择 图标，按回车键，再分别选择两条边界线(图 8-41)。

3. 说明：在两个对象之间创建曲面网格，对象可以是直线、点、圆弧、圆、椭圆、椭圆弧、二维多段线、三维多段线或样条曲线，作为直纹曲面网格"轨迹"的两个对象必须都开放或都闭合，可以在闭合曲线上指定任意两点来完成直纹曲面，对于开放曲线，选择曲线上点就能构造直纹曲面(图 8-42)。

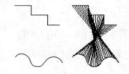 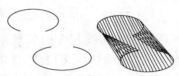

图 8-41 创建开放弧型直纹曲面　　　图 8-42 创建开放椭圆型直纹曲面

绘制灯罩：选择 ，再分别选择闭合的两条边界线(图 8-43 与图 8-44)。

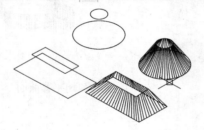 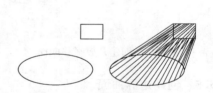

图 8-43 绘制灯罩　　　图 8-44 绘制闭合直纹曲面

8.9.7 用(3DFACE) 命令绘制三维面

1. 功能：创建三维面，三维面可以组合成复杂的三维曲面。

2. 操作：输入(3DFACE)命令，按回车键，再分别选择四个点。

3. 说明：用(3DFACE) 命令绘制三维面，次序是分别选择 A、B、C、A 四个点，注意一个次序问题，绘制五角星 3D 第一个表面，用(3DFACE) 命令绘制三维面时，次序是分别选择 A、B、C、A 四个点(图 8-45)。

重复上述 9 次(3DFACE)操作(图 8-46)，在俯视图上观察五角星三维面并着色(图 8-47)。

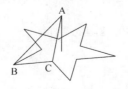 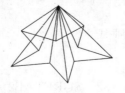

图 8-45 绘制 3D 表面　　　图 8-46 重复 9 次　　　图 8-47 三维面着色

命令：3DFACE
3DFACE 指定第一点或[不可见(I)]：（选择 A 点）
指定第二点或[不可见(I)]：（选择 B 点）
指定第三点或[不可见(I)]〈退出〉：（选择 C 点）
指定第四点或[不可见(I)]〈创建三侧面〉：（选择 A 点）

8.10　三维放样建模法

使用 LOFT 命令，可以通过对横截面曲线进行放样来创建三维实体或曲面。横截面定义了实体或曲面的形状。横截面可以是开放的（例如圆弧），也可以是闭合的（例如圆）。LOFT 用于在横截面之间的空间内绘制实体或曲面。使用 LOFT 命令时，至少必须指定两个横截面。如果对一组闭合的横截面曲线进行放样，则生成实体。

点击三维面板放样图标（图 8-48）或点击面板放样图标（图 8-49）点击横截面曲线的一组曲线（图 8-50），进行放样创建三维曲面（图 8-51）；或用修改特性对话框放样参数进行放样，创建三维曲面（图 8-52）。

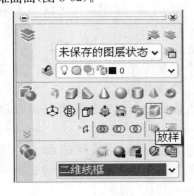

图 8-48　三维面板放样图标

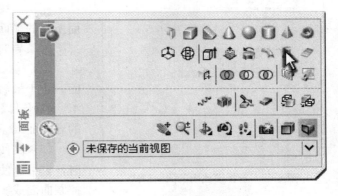

图 8-49　面板放样图标

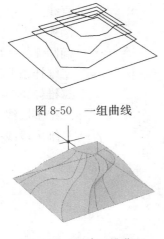

图 8-50　一组曲线

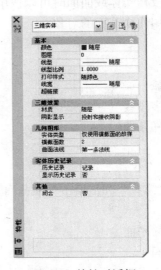

图 8-51　创建三维曲面

图 8-52　特性对话框

如果对一组开放的横截面曲线进行放样，则生成曲面。注意放样时使用的曲线必须全部开放或全部闭合。不能使用既包含开放曲线又包含闭合曲线的选择集。可以指定放样操作的路径（图 8-53）。指定路径使用户可以更好地控制放样实体或曲面的形状（图8-54）。建议路径曲线始于第一个横截面所在的平面，止于最后一个横截面所在的平面，也可以在放样时指定导向曲线（图8-55）。导向曲线是控制放样实体或曲面形状的另一种

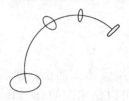  

图 8-53 指定放样操作的路径　　图 8-54 放样实体　　图 8-55 指定导向曲线　　图8-56 放样实体

图 8-57 选择横截面的曲面形式

方式（图 8-56）。可以使用导向曲线来控制点如何匹配相应的横截面以防止出现不希望看到的效果。

注意：用 Z 轴矢量变换 UCS 再绘制横截面所在的平面。

每条导向曲线必须满足以下条件：

（1）与每个横截面相交，始于第一个横截面，止于最后一个横截面。

（2）可以为放样曲面或实体选择任意数目的导向曲线。

（3）仅使用横截面创建放样曲面或实体时，也可以使用"放样设置"对话框中的选项来控制曲面或实体的形状（图 8-57）。

创建放样实体或曲面时可以使用下表：

可以用作横截面的对象	可以用作放样路径的对象	可以用作导向的对象
直线	直线	直线
圆弧	圆弧	圆弧
椭圆弧	椭圆弧	椭圆弧
二维多段线	样条曲线	二维样条曲线
二维样条曲线	螺旋	二维样条曲线
圆	圆	二维多段线
椭圆	椭圆	三维多段线
点（仅第一个和最后一个横截面）	二维多段线	
面域	三维多段线	
实体的平面		
平曲面		
平面三维面		

二维实体

宽线

DELOBJ 系统变量控制是否在创建实体或曲面后自动删除横截面、路径和导向，以及是否在删除轮廓和路径时进行提示。

8.11 三维扫掠建模法

（1）通过扫掠创建实体或曲面

使用 SWEEP 命令，可以通过沿开放或闭合的二维或三维路径扫掠平面曲线来创建新实体或曲面。SWEEP 命令用于沿指定路径以指定轮廓的形状绘制实体或曲面，可以扫掠多个对象，但是这些对象必须位于同一平面中。如果沿一条路径扫掠闭合的曲线，则生成实体。

（2）沿三维路径扫掠的圆

点击三维面板扫掠图标（图 8-58），点击圆横截面（图 8-59），点击螺旋弹簧路径创建三维新实体（图 8-60）。如果沿一条路径扫掠开放曲线，则生成曲面。

 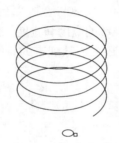 

图 8-58 三维面板扫掠图标　　图 8-59 沿螺旋扫掠轮廓　　图 8-60 创建新实体

扫掠与拉伸不同，沿路径扫掠轮廓时，轮廓将被移动并与路径垂直对齐。然后，沿路径扫掠该轮廓。

提示：要沿螺旋扫掠轮廓（如闭合多段线），请将轮廓移动或旋转并关闭 SWEEP 命令中的"对齐"选项。如果建模时出现错误，请确保结果不会与自身相交。

如果扫掠对象，则在扫掠过程中可能会扭曲或缩放对象，在扫掠轮廓后，使用"特性"选项板来指定轮廓的以下特性：轮廓旋转、沿路径缩放、沿路径扭曲、倾斜（自然旋转）。

注意扫掠轮廓或更改可能导致建模错误（例如实体自交）时，如果"对齐"选项已关闭，"特性"选项板将不允许对这些特性进行更改。可以一次扫掠多个对象，但这些对象必须位于同一平面。

创建扫掠实体或曲面时可以使用以下对象和路径：

可以扫掠的对象（轮廓）　　可以用作扫掠路径的对象

直线　　　　　　　　　　直线

圆弧　　　　　　　　　　圆弧

椭圆弧　　　　　　　　　椭圆弧

二维多段线　　　　　　　二维多段线

二维样条曲线　　　　　　二维样条曲线

圆	圆
椭圆	椭圆
三维面	二维样条曲线
二维实体	三维多段线
宽线	螺旋
面域	实体或曲面的边
平曲面	
实体的平面	

注意：可以通过按住 CTRL 键然后选择这些子对象来选择实体或曲面上的面和边。
DELOBJ 系统变量控制是否在创建实体或曲面后自动删除轮廓和扫掠路径，以及是否在删除轮廓和路径时进行提示。

8.12 三维多实体建模法

用多段线创建多实体：绘制多实体与绘制多段线的方法相同。默认情况下，多实体始终带有一个矩形轮廓。可以指定轮廓的高度和宽度。使用 POLYSOLID 在模型中创建墙体。

使用 POLYSOLID 命令，还可以从现有的直线、二维多段线、圆弧或圆创建多实体。

图 8-61　三维面板创建多实体图标

单击图 8-61 所示的三维面板创建多实体图标 ，单击图 8-62 中的多段线得到图 8-63 所示的多段体。

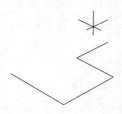

图 8-62　多段线　　　　　　　　图 8-63　多段体

多实体可以包含曲线线段，但是默认情况下轮廓始终为矩形（图 8-64）。

绘制多实体时，可以使用"圆弧"选项将弧线段添加到多实体（图 8-65）。可以使用"闭合"选项闭合第一个和最后一个指定点之间的实体。

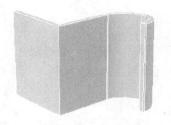

图 8-64　弧线段添加到多段体　　　　图 8-65　默认情况下轮廓始终为矩形

多实体是扫掠实体(使用指定轮廓沿指定路径绘制的实体)，并在"特性"选项板中显示为扫掠实体。

8.13 上　机　实　验

实验 1　用拉伸和布尔运算命令建立墙体及门窗模型

1. 目的要求

要挖切的门窗必须与门窗所在的墙面为同一坐标系。

相交的实体，通过搭积木和挖切的方法，并用 CAD 的布尔运算命令(SUBTRACT)、(UNION)、(INTERSECT)得到要画的相贯模型，使用布尔运算的命令，可对建筑物进行壳体生成、拼接、搭积、挖切等。

2. 操作指导

选择 ▢，选择要拉伸的对象，输入拉伸的高度，用布尔运算的(SUBTRACT) ⊙ 的命令挖切门窗(图 8-66)。

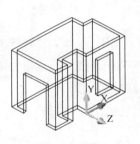

图 8-66　挖切门窗

实验 2　柔软沙发的拉伸

用样条曲线绘制扶手、坐垫、靠背等，用拉伸命令拉伸(图 8-67)。

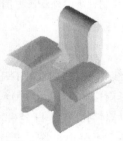

图 8-67　柔软沙发的拉伸

实验 3　文字的雕刻

1. 目的要求

文字雕刻为空心字。

2. 操作指导

输入文字"大",用样条曲线以"大"字为基底绘制空心字,然后拉伸,用立方体布尔减"大"字,得到雕刻效果(图 8-68)。

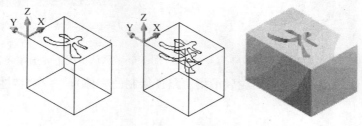

图 8-68 文字的雕刻

实验 4 绘制轴承

1. 目的要求

用_revolve 命令旋转轴承外形的多段线。

2. 操作指导

用多段线绘制轴承的外观(图 8-69),用球 _sphere 命令在圆心处绘制钢球(图 8-70),用 _revolve 命令旋转轴承外形的多段线(图 8-71),用 _array 命令阵列钢球(图 8-72)。

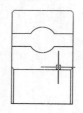 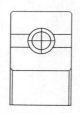 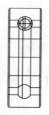 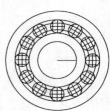

图 8-69 绘制轴承的外观　　图 8-70 在圆心处绘制钢球　　图 8-71 旋转轴承外观　　图 8-72 阵列钢球

命令:_sphere.
当前线框密度:ISOLINES=4
指定球体球心⟨0,0,0⟩:(指定钢球球心)
指定球体半径或[直径(D)]:35
命令:_revolve(图 8-71)(旋转轴承内外钢圈)
选择对象:指定对角点:找到 1 个
指定旋转轴的起点或
定义轴依照[对象(O)/X 轴(X)/Y 轴(Y)]:
指定轴端点:
指定旋转角度⟨360⟩:

命令：_array(阵列钢球)(图 8-72)

指定阵列中心点：

选择对象：找到 1 个

实验 5 绘制螺杆阴模

1. 目的要求

用 命令剖切立方体得到螺杆阴模的剖面图(图 8-76)。

2. 操作指导

用多线段绘制螺杆的外观(图 8-73)，用_ revolve 命令旋转螺杆多段线(图 8-74)，用立方体 布尔减螺杆得到螺杆阴模(图 8-75)，用 命令剖切立方体得到螺杆阴模的剖面图(图 8-76)。

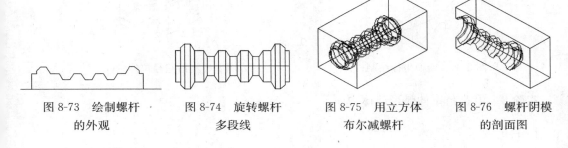

图 8-73 绘制螺杆的外观　　图 8-74 旋转螺杆多段线　　图 8-75 用立方体布尔减螺杆　　图 8-76 螺杆阴模的剖面图

实验 6 绘制四坡屋顶

1. 目的要求

创建标准三维网格曲面，绘制四坡屋顶。

2. 操作指导

绘制辅助立方体，立方体高度为坡屋顶高度(图 8-77)，选择(绘图)，选择(曲面)，选择(棱锥面) ，依次选择 1、2、3、4，输入 R，(将棱锥面的顶面定义为棱，棱的两个端点的顺序必须和基点的方向相同，以避免出现自交线框)，依次选择 A 和 B 点(图 8-78)，选择右键，删除辅助立方体及辅助线(图 8-79)。

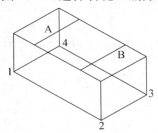 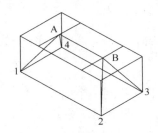 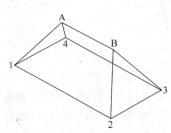

图 8-77 绘制辅助立方体　　图 8-78 绘制四坡屋顶　　图 8-79 删除立方体及辅助线

实验 7　沿路径拉伸栏杆，建立凉台模型

1. 目的要求

沿路径拉伸栏杆。

2. 操作指导

绘制栏杆路径俯视图，变换坐标系在右视图上用多段线绘制栏杆（图 8-80），沿路径拉伸栏杆（图 8-81）。

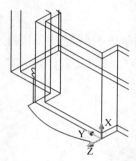 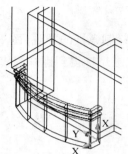

图 8-80　变换坐标绘制栏杆　　　　图 8-81　沿路径拉伸栏杆

实验 8　沿路径拉伸弧形墙体

1. 目的要求

沿路径拉伸弧形墙体。

2. 操作指导

俯视图上绘制路径（图 8-82），沿路径拉伸弧形墙体（图 8-83）。

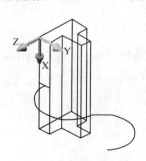 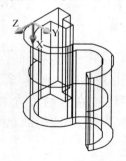

图 8-82　俯视图上绘制路径　　　　图 8-83　沿路径拉伸弧形墙体

命令：_extrude
选择面或[放弃(U)/删除(R)]:（找到一个面）.
选择面或[放弃(U)/删除(R)/全部(ALL)]:
指定拉伸高度或[路径(P)]：p
选择拉伸路径：（图 8-83）

实验 9　普通门柱的画法

1. 目的要求

用旋转命令旋转多段线，布尔命令的用法。

2. 操作指导

绘制门柱外形（图 8-84），用旋转命令 ⊙ 旋转多段线（图 8-85），渲染门柱（图 8-86）。

　　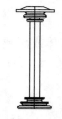　　

图 8-84　绘制门柱外形　　图 8-85　旋转门柱外形　　图 8-86　渲染门柱外形

带凹槽门柱的画法：

在门柱外圆上阵列小圆（图 8-87），用修减命令修减大圆和小圆并使外轮廓线合并为多段线（图 8-88），拉伸外轮廓线与渲染（图 8-89）。

图 8-87　阵列小圆　　图 8-88　修减大圆和小圆　　图 8-89　拉伸外轮廓线与渲染

门柱顶画法：

用多段线绘制门柱顶外形（图 8-90），用布尔减命令绘制门柱顶凹槽（图 8-91），用 COPY 命令绘制四根立柱与底座（图 8-92），用 MOVE 命令把门柱顶安放在立柱上并渲染（图 8-93）。

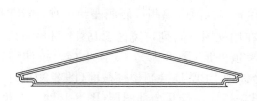　　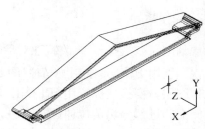

图 8-90　绘制门柱顶外形　　图 8-91　绘制门柱顶凹槽

命令：_extrude，（拉伸三角形外层轨迹）

当前线框密度：ISOLINES=4
选择对象：找到 1 个
指定拉伸高度或[路径(P)]：100
指定拉伸的倾斜角度〈0〉：
命令：_extrude，(拉伸三角形第二层与第三层轨迹)
当前线框密度：ISOLINES=4
选择对象：指定对角点：找到 2 个
指定拉伸高度或[路径(P)]：20
指定拉伸的倾斜角度〈0〉：
命令：_subtract 选择要从中减去的实体或面域……(三角形第二层布尔减第三层)
选择对象：找到 1 个
选择要减去的实体或面域……
选择对象：找到 1 个
命令：_subtract 选择要从中减去的实体或面域……(三角形第一层布尔减第二层)
选择对象：找到 1 个
选择要减去的实体或面域……

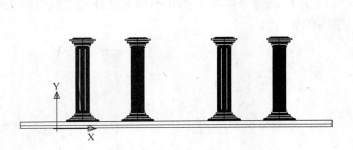

图 8-92　绘制四根立柱与底座

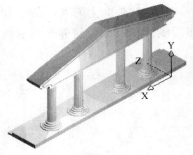

图 8-93　把门柱顶安放在立柱上

实验 10　绘制神庙屋顶

1. 目的要求

用面 UCS 变换坐标，拉伸屋顶，屋顶侧面凹进部分用负拉伸。

2. 操作指导

规划图层，选择 修改特性对话框中的标高属性值，绘制神庙底座与屋顶(图8-94)，在前视图上用 PLINE 绘制罗马柱(图 8-95)，在俯视图上阵列，镜像罗马柱(图 8-96)，打开屋顶图层，变换坐标，用(PLINE)绘制坡屋顶外形(图 8-97)，变换坐标，拉伸屋顶，屋顶侧面凹进部分用负拉伸(图 8-98)，变换坐标用 PLINE 绘制楼梯截面(图 8-99)，拉伸楼梯截面(图 8-100)，在俯视图上镜像楼梯(图 8-101)，打开全部图层(图 8-102)，渲染图(图 8-103)。

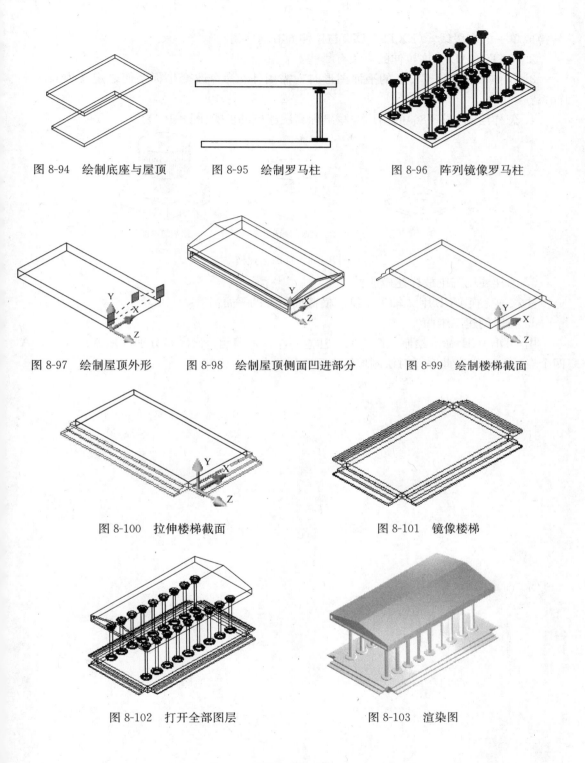

图 8-94 绘制底座与屋顶　　图 8-95 绘制罗马柱　　图 8-96 阵列镜像罗马柱

图 8-97 绘制屋顶外形　　图 8-98 绘制屋顶侧面凹进部分　　图 8-99 绘制楼梯截面

图 8-100 拉伸楼梯截面　　图 8-101 镜像楼梯

图 8-102 打开全部图层　　图 8-103 渲染图

思 考 题

1. 如果用直线或圆弧来创建实体轮廓在使用（EXTRUDE）之前需用什么命令把它们

转换成单一的多段线？(EXTRUDE)与拉伸面有何区别？

2. AUTOCAD 允许拉伸的对象有哪些？

3. 拉伸不同的(UCS)上的平面图形时，需用什么命令改变坐标系使之定义为当前坐标系？

4. 怎样绘制(图 8-86)的图形？写出标高法建模的步骤(图 8-104)。

二维对象　　　　更改的标高　　　　添加的厚度

图 8-104　标高法建模

5. 怎样使用三维放样建模法？

注意：变换 UCS 用 Z 轴矢量绘制横截面所在的平面。

6. 怎样创建三维面？

用(3DFACE)命令绘制三维面时，注意一个次序问题，次序是分别选择 A、B、C、A 四个点(图 8-45)，此命令对绘制坡屋顶很有用。

9 三 维 实 体 编 辑

教学要求：编辑三维实体可使用 SOLIDEDIT 命令，可用 22 种方法编辑三维实体，对三维实体的面和边进行拉伸、移动、旋转、偏移、倾斜、复制、着色、分割、抽壳、清除、检查或删除操作。本章让学生了解 CAD 的三维编辑命令取决于（UCS）的位置和方向，了解用 22 种方法编辑三维实体。AUTOCAD-2008 比 AUTOCAD-2004 增加了 5 种编辑三维实体的方法：按住或拖动有限区域，将边和面添加到实体，移动、旋转和缩放子对象，创建截面对象，将折弯添加至截面。

编辑三维实体的工具条(图 9-1)。使用 SOLIDEDIT 命令可以编辑三维实体，对它的面和边进行拉伸、移动、旋转、偏移、倾斜、复制、着色、分割、抽壳、清除、检查或删除操作。工程制图难以建立的空间概念可以从 CAD 三维视图中得到启发，可以用 CAD 三维视图同工程制图所绘制的图形进行对比，找出错误，加以改正。

图 9-1　编辑三维实体工具条

9.1　面　着　色

1. 功能：选择颜色，给选定的面着色。

2. 操作：选择 ，选定要着色的面，按回车，在对话框中选择颜色(图 9-2)，按确定后，选定的面即着色。

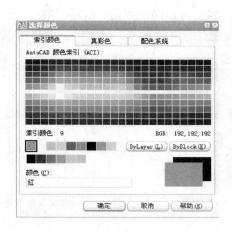

图 9-2　选择颜色对话框

3. 说明：选择真彩色，可调整色调、饱和度、亮度等。

9.2 倾 斜 面

1. 功能：使三维模型的面沿着一个角度进行倾斜。

2. 操作：选择 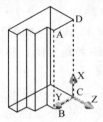，选择要倾斜的面，被选择的面亮显（图 9-3），指定基点 B，沿 BA 并指定 BA 上另一个点，指定倾斜角度（图 9-4）。

3. 说明：倾斜角度的方向由选择基点和第二点的顺序决定。

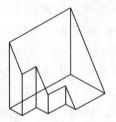

图 9-3　选择要倾斜的面　　　　　图 9-4　倾斜面

命令：_ taper
选择面或[放弃(U)/删除(R)]：找到一个面(找到的面亮显)
指定基点：(B 点)
指定沿倾斜轴的另一个点：(AB 连线上的中点)
指定倾斜角度：30(图 9-4)

9.3 复 制 面

1. 功能：复制一个面。

2. 操作：选择 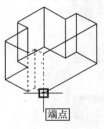，选择要复制的面，找到的面亮显（图 9-5），指定基点或位移，指定位移的第二点。

3. 说明：复制一个面，如果指定两个点，CAD 使用第一个点作为基点，第二点为复制面的放置点，如果指定放置点的坐标，按 Enter 键，此坐标就作为复制面的新位置坐标（图 9-6）。

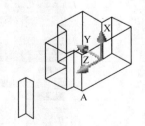

图 9-5　复制面　　　　　图 9-6　复制面的放置点

命令：_ copy
选择面或[放弃(U)/删除(R)]：找到一个面(找到的面亮显)

指定基点或位移：(A 点)

指定位移的第二点：〈正交 开〉300(图 9-6)

9.4 压 印 操 作

1. 功能：在选定的实体上压印一个图形。

2. 操作：选择 🔲，选择三维实体立方体，立方体亮显，选择要压印的对象键槽孔，键槽孔亮显，按(ENTER)键，即键槽孔被压印到立方体上(图 9-7)。如果要检查键槽孔是否压印到立方体上，可用(ERASE)命令试删除，若不能删除，表示已经压印。

3. 说明：压印出来的图形不能用 ERASE 命令删除，如果要删除压印出来的图形，需用删除面命令，压印操作限于下列对象：圆弧、圆、直线、二维和三维多段线、椭圆、样条曲线、面域、体及三维实体。

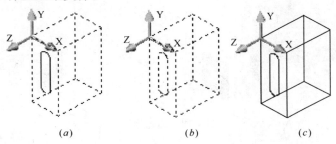

图 9-7 压印操作

命令：_ imprint

选择三维实体：(立方体亮显)(图 9-7a)

选择要压印的对象：(键槽孔亮显)(图 9-7b)

是否删除源对象[是(Y)/否(N)]〈N〉：

9.5 删 除 面

1. 功能：删除有压印的面，删除弧形面。

2. 操作：选择 🔲，选择要删除的面，找到的面亮显(图 9-8)，按(Enter)键，找到的面被删除(图 9-9)。

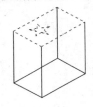 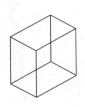 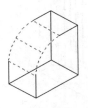

图 9-8 选择有压印的面　　图 9-9 有压印的面被删除　　图 9-10 选择要删除弧形面　　图 9-11 已删除弧形面

3. 说明：有压印的面用(ERASE)删除命令删不掉，只有用删除面命令才可删除有压印的面。

删除弧形面：选择删除面图标，选择要删除弧形面(图 9-10)，按(Enter)键，找到的面被删除，圆角面和倒角面都能删除(图 9-11)。

9.6 抽壳操作

1. 功能：抽壳是用指定的厚度创建一个中空的薄壁。
2. 操作：选择 ⌼，选择三维实体，输入抽壳偏移距离。
3. 说明：抽壳可以为所有面指定一个薄壁厚度，一个三维实体只能有一个壳，检查三维实体是否抽壳，用剖切命令切开实体即可观察(图 9-12)。

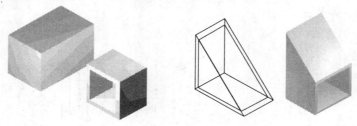

图 9-12　抽壳操作

9.7 拉伸面

1. 功能：将选定的三维实体的面拉伸到指定位置。
2. 操作：选择 ⌼，选择三维实体的面，指定拉伸高度，指定拉伸的倾斜角度。
3. 说明：将选定的三维实体的面拉伸到指定位置或沿一路径拉伸，一次可以选择多个面。

命令：_ extrude
选择面或[放弃(U)/删除(R)]：找到一个面，(找到的面亮显)(图 9-13)。
指定拉伸高度或[路径(P)]：50
指定拉伸的倾斜角度〈0〉：9(图 9-14)

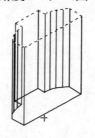 

图 9-13　找到的面亮显　　　　　图 9-14　拉伸面

9.8 拉伸倾斜角度面

1. 功能：拉伸有倾斜角度的面。
2. 操作：选择 ◻，选择三维实体的面，指定拉伸高度或路径，指定拉伸的倾斜角度。
3. 说明：负角度将往外倾斜面(图 9-15)，正角度将往里倾斜面(图 9-16)，默认角度为 0，表示不倾斜面，而是垂直拉伸面，如果指定了较大的倾斜角度或高度，则在达到拉伸高度前，面可能会汇聚到一点，拉伸面失败。

图 9-15　负角度往外倾斜面

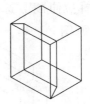
图 9-16　正角度往里倾斜面

命令：_ extrude
选择面或[放弃(U)/删除(R)]：找到一个面，(找到的面亮显)
指定拉伸高度或[路径(P)]：80
指定拉伸的倾斜角度〈0〉：-20(负角度往外倾斜面)(图 9-15)
命令：_ extrude
选择面或[放弃(U)/删除(R)]：找到一个面
指定拉伸高度或[路径(P)]：-60
指定拉伸的倾斜角度〈0〉：20(正角度往里倾斜面)(图 9-16)

9.9 沿路径拉伸面

1. 功能：沿路径拉伸面。
2. 操作：绘制拉伸路径(图 9-17)，选择 ◻，选择三维实体的面，指定拉伸的路径，沿路径拉伸面(图 9-18)。

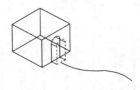
图 9-17　绘制拉伸路径

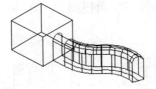
图 9-18　沿路径拉伸面

3. 说明：拉伸路径可以是直线、圆、圆弧、椭圆、椭圆弧、多段线或样条曲线，拉伸路径不能与拉伸面处于同一平面，也不能具有高曲率的部分，选定的剖面沿路径拉伸，然后在路径的端点与路径垂直的剖面结束，拉伸路径的一个端点应在剖面上，如果不在，CAD自动将把路径端点移动到剖面的中心，如果路径是样条曲线，则路径应垂直于剖面且位于其中一个端点处，如果路径不垂直于剖面，CAD将旋转剖面直至垂直为止，如果一个端点在剖面上，剖面将绕此点旋转，否则CAD将路径移动至剖面中心，然后绕中心旋转剖面。

9.10　一次拉伸相邻的多个面

1. 功能：一次可以选择多个面拉伸。
2. 操作：选择拉伸 ⌐⌐，选择相邻的3个面，输入拉伸距离或路径，即可一次拉伸所选择相邻的3个面(图9-19)，一次拉伸相邻的5个面(图9-20)。

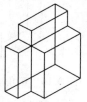
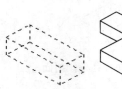
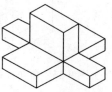

图9-19　一次拉伸相邻的3个面　　　　图9-20　一次拉伸相邻的5个面

3. 说明：一次拉伸的多个面必须是相邻的。

9.11　移　动　面

1. 功能：沿指定的高度或距离移动选定的面。
2. 操作：选择 ⌐⌐，选择要移动的三维实体的面，指定基点或位移，指定位移的第二点。
3. 说明：沿指定的高度或距离移动所选定的面，一次可以选择多个面同时移动。

命令：_ move
选择面或[放弃(U)/删除(R)]：找到一个面，(找到的面亮显)(图9-21)。
指定基点或位移：(A点)
指定位移的第二点：@20<0(沿X轴正方向位移到B点)(图9-22)
一次可以选择多个面移动：一次移动了相邻的两个面(图9-23)。

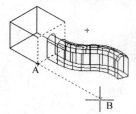
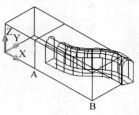
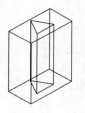
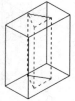
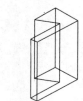

图9-21　找到的面亮显　　　图9-22　移动面　　　图9-23　一次移动了相邻的两个面

9.12 旋 转 面

1. 功能：绕指定的轴旋转一个面。
2. 操作：选择 ⊘，选择要旋转的三维实体的面(找到的面亮显)(图9-24)，指定旋转轴上的第一点(A点)，指定旋转轴上的第二点(B点)，指定旋转角度(图9-25)。
3. 说明：绕指定的轴旋转一个面，可分内表面的旋转和外表面的旋转。

命令：_rotate
选择面或[放弃(U)/删除(R)]：找到一个面，(找到的面亮显)(图9-24)
指定轴点或[经过对象的轴(A)/视图(V)/X轴(X)/Y轴(Y)/Z轴(Z)]〈两点〉：(选择A点)
在旋转轴上指定第二个点：(选择B点)
指定旋转角度或[参照(R)]：5(图9-25)

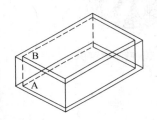 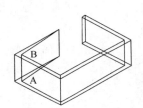 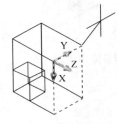 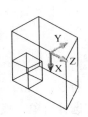

图9-24 找到的面亮显　　图9-25 内表面的旋转　　图9-26 找到的面亮显　　图9-27 外表面的旋转

命令：_rotate
选择面或[放弃(U)/删除(R)]：找到一个面(找到的面亮显)(图9-26)
指定轴点或[经过对象的轴(A)/视图(V)/X轴(X)/Y轴(Y)/Z轴(Z)]〈两点〉：
在旋转轴上指定第二个点：
指定旋转角度或[参照(R)]30(图9-27)

9.13 剖 面 生 成

1. 功能：指定三个点定义一个剖面。
2. 操作：选择 ，选择对象，指定截面上的第一个点，指定平面上的第二个点，指定平面上的第三个点(图9-28)。
3. 说明：使用SECTION命令指定三个点定义一个剖面，剖面也可以选择对象、当前视图、Z轴或XY、YZ或ZX平面来定义，剖面可移出实体。

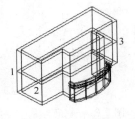

图9-28 剖面生成

9.14 三 维 镜 像

1. 功能：三维镜像的作用就是创建对象的相反图像。
2. 操作：选择(修改)，选择(三维操作)，选择(三维镜像)。
3. 说明：注意三维镜像面的选择，用 A、B、C 三个点选定一个的面作为镜像平面，选择(修改)，选择(三维操作)，选择(三维镜像)，分别选择 A、B、C，选择右键，这样就可得到以 ABC 为镜像面的相反图像。

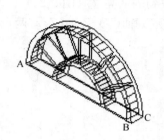 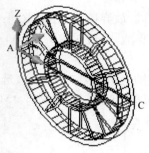

图 9-29　指定镜像平面三点　　　　　图 9-30　三维镜像建筑物

命令：_ mirror3d
选择对象：找到 1 个
在镜像平面上指定第一点：(选择 A 点)在镜像平面上指定第二点：(选择 B 点)在镜像平面上指定第三点：(选择 C 点)(图 9-29)
是否删除源对象？[是(Y)/否(N)]〈否〉(图 9-30)

9.15 三 维 旋 转

1. 功能：原坐标系(图 9-31)对象，绕 X 轴旋转 90°，对象绕 Y 轴旋转 90°，对象绕 Z 轴旋转 90°。
2. 操作：(选择修改)，(选择三维操作)，(选择三维旋转)，在 ROTATE3D 的提示下，按 ENTER 键，指定轴上的第一个点，指定轴上的第二点。对象绕 X 轴旋转 90°(图 9-32)，对象绕 Y 轴旋转 180°(图 9-33)，对象绕 Z 轴旋转 90°(图 9-34)。

  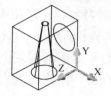

图 9-31　原坐标系　　图 9-32　对象绕 X 轴旋转 90°　　图 9-33　对象绕 Y 轴旋转 180°　　图 9-34　对象绕 Z 轴旋转 90°

3. 说明：注意旋转轴的选择，使用两个点来定义旋转轴，指定旋转角度，旋转角度是指从当前位置起,对象绕轴旋转的角度。

四通管绕 AB 轴旋 180°:(图 9-35),四通管渲染图(图 9-36)。

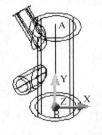 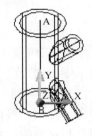  

图 9-35　旋转前　　　　　　　　　图 9-36　四通管三维旋转 180°

旋转前的壳体:(图 9-37)
壳体绕 X 轴旋转 90°:(图 9-38)
旋转前的紧固杆:(图 9-39)
紧固杠绕 Y 轴旋转 90°:(图 9-40)

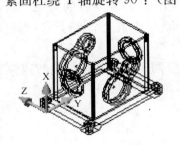  

图 9-37　旋转前　　　　　　　图 9-38　壳体绕 X 轴旋转 90°

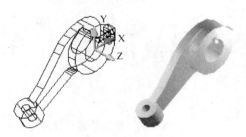 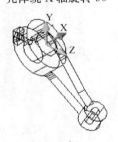

图 9-39　旋转前　　　　　　　图 9-40　紧固杠绕 Y 轴旋转 90°

旋转前的支承座:(图 9-41)
支撑座绕 Z 轴旋转 90 度:(图 9-42)

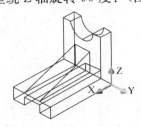 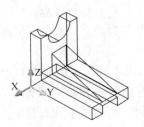

图 9-41　旋转前　　　　　　　图 9-42　支撑座绕 Z 轴旋转 90°

9.16 三 维 阵 列

1. 功能：阵列三维建筑物。
2. 操作：选择(修改)，选择(三维操作)，选择(三维阵列)，输入行(X轴)、列(Y轴)和层(Z轴)的参数，输入行间距、列间距、层间距的参数。
3. 说明：注意行数、列数、层数的选择，行(X轴)、列(Y轴)和层(Z轴)。可以在矩形或环形阵列中按行、列、层复制对象，对于矩形阵列，可以控制行、列、行间距、列间距、层间距的参数，对于环形阵列，可以控制复制对象的数目并决定是否旋转。

9.17 三 维 对 齐

1. 功能：旋转或倾斜对象与其他对象对齐。
2. 操作：选择(修改)，选择(三维操作)，选择(对齐)，选择要对齐的对象，指定第一个源点，然后指定第一个目标点，指定第二个源点，然后指定第二个目标点，指定第三个源点或按 ENTER 键继续(图 9-43)。
3. 说明：注意目标点与源点的选择，在二维和三维空间中通过移动、旋转或倾斜对象与其他对象对齐，要对齐某个对象，最多可以给对象添加三对源点和目标点。

建筑物盖与建筑物对齐：(图 9-44)

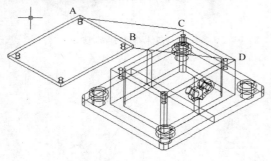

图 9-43 对象先对齐

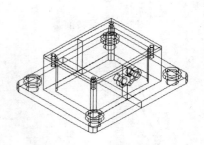

图 9-44 建筑物盖与建筑物对齐

命令：_align
选择对象：找到 1 个
指定第一个源点：(盖 A 点)
指定第一个目标点：(立方体 C 点)
指定第二个源点：(盖 B 点)
指定第二个目标点：(立方体 D 点)(图 9-43)

对齐两个对象的步骤：对象先对齐，后缩放，第一个目标点是缩放的基点，第一个和第二个源点之间的距离是参照长度，第一个和第二个目标点之间的距离是新的参照长度。三对点对齐(图 9-45)，当选择三对点时，选定对象三棱锥，可在三维空间移动和旋转，使之与其他对象对齐，选定对象从源点(E 点)移到目标点(A 点)，选定对象从源点(F

点),移到目标点(B 点),选定对象从源点(G 点),移到目标点(C 点)(图 9-46)。

命令:_align
选择对象:找到 1 个
指定第一个源点:〈对象捕捉 开〉(E 点)

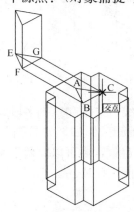

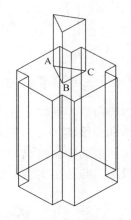

图 9-45 三对点对齐　　　　图 9-46 三棱锥与建筑物对齐

指定第一个目标点(A 点)
指定第二个源点:(F 点)
指定第二个目标点:(B 点)
指定第三个源点或〈继续〉:(G 点)
指定第三个目标点:(C 点)

9.18　按住或拖动有限区域

按住 Ctrl+Alt 两键,然后拾取圆并按住向内向外拖动区域(图 9-47),区域必须是由共面直线或由边围成的区域。

有限区域由以下定义组成:
(1) 由交叉共面和线性几何体围成的区域。
(2) 由共面顶点组成的闭合多线段、面域、三维面和二维实体。
(3) 由与三维实体的任何面共面的几何体创建的区域。

实体上的有限区域　　压入的有限区域　　拔出的有限区域

图 9-47 拖动有限区域

9.19　将边和面添加到实体

压印三维实体上的面,来修改该面的外观。压印将组合面,并创建边,添加边,将一个面分为两个面。

压印三维实体上的 ABCD 面,按住 CTRL 键,单击 ABCD 面,出现蓝色的夹点(图 9-48),

再按住 Ctrl 键，把鼠标移到蓝色夹点上，向上向下拖动可将一个面分为两个面(图 9-49)。

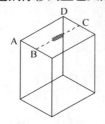 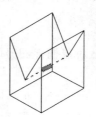 

图 9-48 压印三维实体上的面　　　　　　　图 9-49 将一个面分为两个

使用 IMPRINT 命令，可以通过压印圆弧、圆、直线、二维和三维多段线、椭圆、样条曲线、面域、体和三维实体，来创建三维实体上的新面。例如，如果圆与三维实体相交，则可以压印实体上的相交曲线。可以删除原始压印对象，也可以保留下来以供将来编辑使用。压印对象必须与选定实体上的面相交，这样才能压印成功。

9.20 移动、旋转和缩放子对象

图 9-50 是选择实体上的子对象界面图。

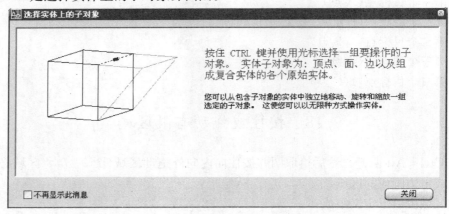

图 9-50 选择实体上的子对象

单击对象(图 9-51)并拖动对象的夹点来移动(图 9-52)、旋转和缩放三维实体上的单个对象(图 9-53)。方法是使用夹点工具(3DMOVE 和 3DROTATE)或通过命令(例如 MOVE、ROTATE 和 SCALE)移动三维实体上的面和边。

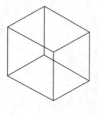 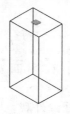 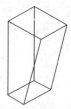

图 9-51 对象　　　　　图 9-52 拖动对象的　　　　图 9-53 旋转和
　　　　　　　　　　　　　　　夹点来移动　　　　　　　　　缩放对象

9.21 创建截面对象

可以使用SECTIONPLANE命令来创建截面对象,使用截面对象剖切三维模型。

单击三维面板的创建截面图标(图9-54),然后单击以放置截面对象的顶面(图9-55),截面平面将自动与选定面的平面对齐。也可以通过选择两点来创建直截面线,从而创建截面对象。一旦创建了截面对象,并且已打开活动截面,它将被重新定位在模型的不同区域,从而生成实时截面(图9-56)。还有一种方法是使用快捷菜单中的活动截面设置(图9-57)。

图 9-54 三维面板

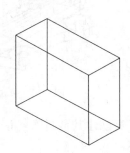
图 9-55 光标移动到三维模型的顶面

可以使用SECTIONPLANE命令的"正交"选项,可以快速创建截面对象,并将其对齐到预先选定的正交平面(图9-58)。

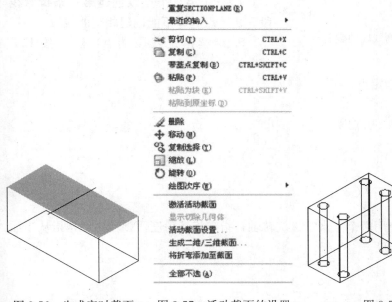

图 9-56 生成实时截面　　图 9-57 活动截面的设置　　图 9-58 快速创建截面

9.22 将折弯添加至截面的步骤

1. 在截面对象上(图 9-59)选择截面线。
2. 在截面线上单击鼠标右键,单击"将折弯添加至截面"。
3. 将光标移动到截面线上。
4. 在截面线上选择要放置折弯的点,该折弯将垂直于选定线段(图 9-60)。

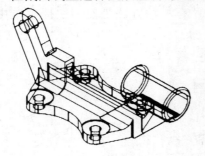

图 9-59 截面对象

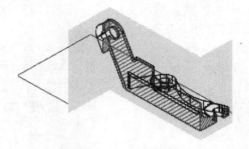

图 9-60 在截面线上选择要放置折弯的点

要创建其他折弯,请重复以下步骤。

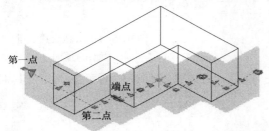

图 9-61 创建具有折弯线段的截面

1. 依次单击绘图,单击建模,单击截面平面,或在命令提示下,输入 sectionplane。
2. 输入 d(绘制截面)。
3. 指定截面对象的第一点(图 9-61)。
4. 指定第二个点以创建第一条折弯线段。从该点起,不能创建相交的线段。
5. 继续指定线段端点,然后按 ENTER 键。
6. 在截面剪切方向上指定点。

9.23 上 机 实 验

实验 1 绘制锥度轴承

1. 目的要求

注意旋转轴的选择,使用两个点来定义旋转轴,指定旋转角度,旋转角度是指从当前位置起,对象绕轴旋转的角度。

2. 操作指导

用多段线绘制锥度轴承的内外环,用极轴跟踪绘制锥度钢柱(图 9-62),用_ revolve 命令旋转轴承的内外环(图 9-63),用_ array 命令阵列钢柱(图 9-64)。

 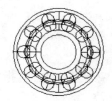 

图 9-62　多段线绘制内外环　　图 9-63　旋转轴承的内外环　　图 9-64　阵列钢柱

实验 2　管道之间的对齐

1. 目的要求

旋转或倾斜对象与其他对象对齐。

2. 操作指导

选择（修改），选择（三维操作），选择（对齐），选择要对齐的对象，指定第一个源点，然后指定第一个目标点，指定第二个源点，然后指定第二个目标点，指定第三个源点或按 ENTER 键继续。

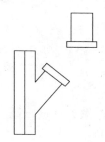 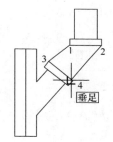 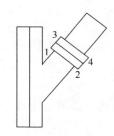

图 9-65　管道之间的对齐

命令：_align

选择对象：指定对角点：找到 9 个

指定第一个源点：〈对象捕捉开〉(1 点)

指定第一个目标点：(3 点)

指定第二个源点：(2)点

指定第二个目标点：(4)点(图 9-65)

指定第三个源点或〈继续〉：

是否基于对齐点缩放对象？[是(Y)/否(N)]〈否〉

实验 3　墙体模型的建立

倾斜墙面

1. 目的要求

使墙面沿着一个角度进行倾斜，倾斜角度的方向由选择基点和第二点的顺序决定。

2. 操作指导

命令：_taper

选择面或[放弃(U)/删除(R)]：找到一个面(指定要倾斜墙面)(图9-66)。

指定基点：(指定中点)(图9-67)

指定沿倾斜轴的另一个点：(指定 A 点)(图9-68)

指定倾斜角度：5

复制墙面

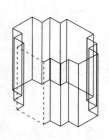 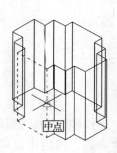 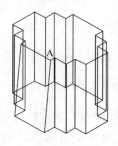

图9-66 倾斜墙面　　　　图9-67 选择基点　　　　图9-68 选择第二点

1. 目的要求

复制一个墙面，计算实体的某一面的面积。

2. 操作指导

复制一个墙面，如果指定两个点，CAD使用第一个点作为基点，第二点为复制面的放置点。

要计算实体的某一面面积，可用此命令复制该面，再使用计算面积命令。

命令：_copy

选择面或[放弃(U)/删除(R)]：找到一个面(图9-69)

指定基点或位移：(端点)(图9-70)

指定位移的第二点：〈正交 开〉@200〈0(曲面墙从端点沿X轴移动200个图形单位)(图9-71)

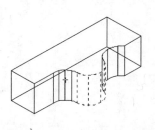 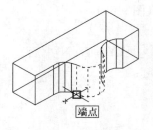 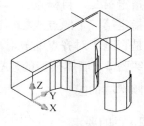

图9-69 选择要复制的墙面　　图9-70 选择基点　　图9-71 复制墙面

拉伸倾斜角度的墙面

1. 目的要求

拉伸倾斜角度的墙面。

2. 操作指导

正角度将往里倾斜面，负角度将往外倾斜面。默认角度为 0，表示不倾斜面，而是垂直拉伸面。如果指定了较大的倾斜角度或高度，则在达到拉伸高度前，面可能会汇聚到一点，拉伸面失败。

命令：_extrude

选择面或[放弃(U)/删除(R)]：找到一个面（图 9-72）

选择面或[放弃(U)/删除(R)/全部(ALL)]：

指定拉伸高度或[路径(P)]：20

指定拉伸的倾斜角度<0>：-30（负角度往外倾斜面）（图 9-73）

命令：_extrude

选择面或[放弃(U)/删除(R)]：找到一个面

选择面或[放弃(U)/删除(R)/全部(ALL)]：

指定拉伸高度或[路径(P)]：-20

指定拉伸的倾斜角度<0>：30（正角度往里倾斜面）（图 9-74）

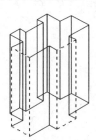 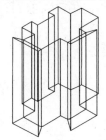 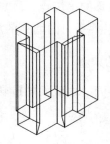

图 9-72　选择拉伸墙面　　图 9-73　拉伸负 30°　　图 9-74　拉伸正 30°

一次可以选择多个墙面拉伸

1. 目的要求

可以选择多个墙面一次性拉伸。

2. 操作指导

选择相邻的三个墙面（图 9-75），一次拉伸相邻的多个墙面（图 9-76）。

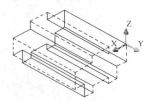 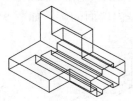

图 9-75　选择相邻的三个墙面　　图 9-76　一次拉伸相邻的多个墙面

移动墙面

1. 目的要求

沿指定的高度或距离移动选定的墙面,一次可以选择多个墙面并拉伸。

2. 操作指导

选择墙面(图 9-77),选择基点(图 9-78),沿 X 轴正方向移动面(图 9-79)。

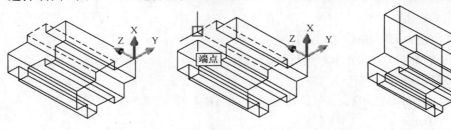

图 9-77 选择墙面　　图 9-78 选择基点　　图 9-79 沿 X 轴正方向移动面

_ move
选择面或 [放弃(U)/删除(R)]: 找到一个面 (图 9-77)
指定基点或位移:(端点)(见图 9-78)
指定位移的第二点: @90<0 (沿 X 轴正方向位移) (图 9-79)

旋转墙面, 内墙面的旋转

1. 目的要求

旋转墙面,内墙面的旋转。

2. 操作指导

内墙面的旋转:绕指定的轴旋转一个墙面。选择, 选择要旋转的墙面,选择 A 点,选择 B 点,指定旋转角度 25°。

命令: _ rotate
选择面或 [放弃 (U) /删除 (R)]: 找到一个面 (虚线所示的内墙面)
指定轴点或 [经过对象的轴(A)/视图(V)/X 轴(X)/Y 轴(Y)/Z 轴(Z)]〈两点〉: (A 点) (图 9-80)
在旋转轴上指定第二个点: (B 点)
指定旋转角度或 [参照(R)]: 25 (图 9-81)
同理,另一内墙面的旋转如图 9-82 所示。

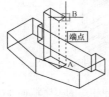 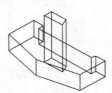 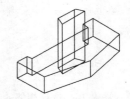

图 9-80 选择墙面　　图 9-81 内墙面的旋转　　图 9-82 另一内墙面的旋转

旋转墙面 ⊡，外墙面的旋转

1. 目的要求

旋转墙面，外墙面的旋转。

2. 操作指导

绕指定的轴旋转一个墙面。选择 ⊡，选择要旋转的墙面，选择 A 点，选择 B 点，指定旋转角度 20°。

命令：_rotate
选择面或 [放弃(U)/删除(R)]：找到一个面（虚线所示的内墙面）（图 9-83）
指定轴点或 [经过对象的轴(A)/视图(V)/X 轴(X)/Y 轴(Y)/Z 轴（Z）]〈两点〉：(A 点)
在旋转轴上指定第二个点：(B 点)（图 9-84）
指定旋转角度或 [参照（R）] 20（图 9-85）

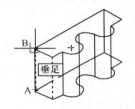 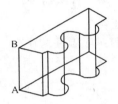 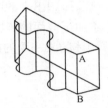

图 9-83　选择墙面　　图 9-84　外墙面的旋转　　图 9-85　另一外墙面的旋转

剖切墙体操作 ⊡

1. 目的要求

用平面剖切墙体。

2. 操作指导

剖切平面由墙体上的任意三点确定（图 9-86）。

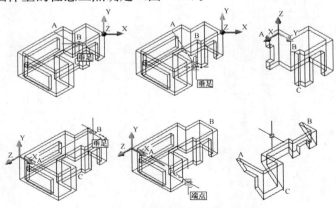

图 9-86　各个方向的平面剖切墙体

207

命令：_slice
选择对象：找到 1 个
指定切面上的第一个点，依照［对象(O)/Z 轴(Z)/视图(V)/XY 平面(XY)/YZ 平面(YZ)/ZX 平面(ZX)/三点(3)]〈三点〉:(A 点)
指定平面上的第二个点：(B 点)
指定平面上的第三个点：(C 点)
在要保留的一侧指定点或［保留两侧（B）]：(B 点)

思 考 题

1. 如果用直线或圆弧来创建实体轮廓在使用（EXTRUDE）之前需用什么命令把它们转换成单一的多段线？（EXTRUDE）与拉伸面有何区别？
2. AUTOCAD 允许拉伸的对象是哪些？
3. 如果要删除压印出来的图形，需用什么命令？
4. 将折弯添加至截面的步骤是什么？
5. 需计算实体的某一面的面积时，应怎样操作？

10 路桥建模与渲染

教学要求：本章列举了三维路桥建模实战的操作步骤，掌握了一种建模的操作步骤，其他建模步骤就可举一反三。本章让学生了解路桥建模设计的方法，其中包括石拱桥模型的建立，吊桥模型的建立，钢拱桥模型的建立，桁架桥模型的建立，高架桥模型的建立，立交桥模型的建立，拉索桥模型的建立，大跨度桥模型的建立，桥面、桥墩模型的建立。

本章还让学生了解 CAD 三维建筑模型渲染前需对模型配置光源，指定材质，附着贴图，添加背景等。

10.1 绘制石拱桥

（1）绘制桥拱轮廓

偏移拱轮廓如图 10-1 所示。

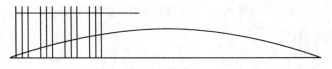

图 10-1 偏移拱轮廓

（2）换图层用多段线绘制桥拱外轮廓

多段线绘制桥拱外轮廓如图 10-2 所示。

修改桥拱为多段线：

命令：_ trim

当前设置：投影＝视图，边＝无

选择剪切边…

选择对象：指定对角点：找到 9 个（图 10-3）

（3）镜象桥拱轮廓

镜象桥拱轮廓如图 10-4 所示。

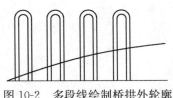
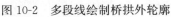
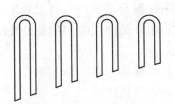

图 10-2 多段线绘制桥拱外轮廓　　　　　图 10-3 修改桥拱为多段线

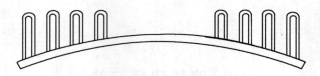

图 10-4 镜象桥拱轮廓

（4）用多段线绘制桥面并合并为一个实体
命令：_pedit 选择多段线或 [多条(M)]：
是否将其转换为多段线？〈Y〉
输入选项
[闭合(C)/合并(J)/宽度(W)/编辑顶点(E)/拟合(F)/样条曲线(S)/非曲线化(D)/线型生成(L)
/放弃(U)]：j
选择对象：找到 1 个
3 条线段已添加到多段线如图 10-5 所示。

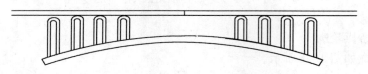

图 10-5 用多段线绘制桥拱桥面

（5）拉伸桥拱及桥面
命令：_extrude
指定拉伸高度或 [路径(P)]：100（拉伸桥拱）
指定拉伸的倾斜角度 <0>：
命令：_extrude
选择对象：找到 1 个
指定拉伸高度或 [路径(P)]：100（拉伸桥面）
指定拉伸的倾斜角度 <0>：
命令：_mirror
选择对象：指定对角点：找到 5 个
指定镜像线的第一点：指定镜像线的第二点：
是否删除源对象？[是(Y)/否(N)]〈N〉（见图 10-6）
（6）用标高定基准面绘制山和地基
注意：用样条曲线绘制山地外轮廓，用 ELEV 定标高拉伸。
命令：elev
指定新的默认标高 <0.0000>：−100
指定新的默认厚度 <0.0000>：
命令：_extrude
当前线框密度：ISOLINES=4

选择对象：找到 1 个
指定拉伸高度或［路径(P)］：-200
指定拉伸的倾斜角度＜0＞（图 10-7）

图 10-8 为桥拱桥面布尔并为一个实体，渲染实体如图 10-9 所示。

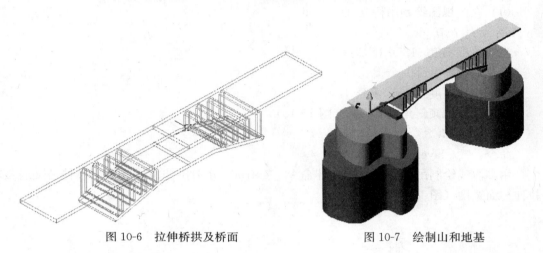

图 10-6　拉伸桥拱及桥面　　　　　图 10-7　绘制山和地基

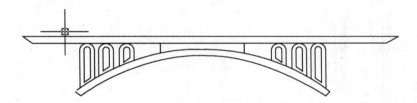

图 10-8　桥拱桥面布尔并为一个实体

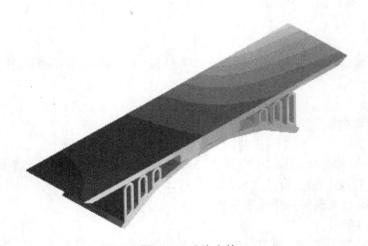

图 10-9　渲染实体

10.2 绘制吊桥

(1) 在俯视图绘制吊桥立柱并拉伸

命令：_ extrude

当前线框密度：ISOLINES=4

选择对象：找到 1 个

指定拉伸高度或 [路径(P)]：

指定拉伸的倾斜角度 <0> （图 10-10）

(2) 变换 UCS 绘制吊桥桥面

命令：' _ layer

用多段线绘制吊桥桥面，用拉伸命令 _ extrude 分别拉伸桥面厚度，拉伸桥面长度，拉伸桥面宽度（图 10-11）。

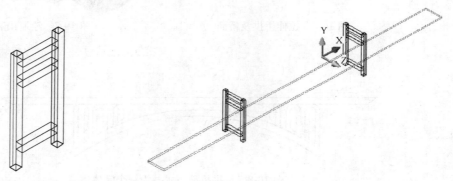

图 10-10　绘制吊桥立柱并拉伸　　图 10-11　变换 UCS 绘制吊桥桥面

(3) 变换 UCS 绘制吊索剖面

命令：_ ucs

输入选项

[新建(N)/移动(M)/正交(G)/上一个(P)/恢复(R)/保存(S)/删除(D)/应用(A)/?/世界(W)]

〈世界〉：_ fa

选择实体对象的面：

输入选项 [下一个(N)/X 轴反向(X)/Y 轴反向(Y)]〈接受〉：

命令：_ circle 指定圆的圆心或 [三点(3P)/两点(2P)/相切、相切、半径（T)]：

指定圆的半径或 [直径(D)] <4.3466>：〈对象捕捉 关〉

命令：_ copy （复制另一个吊索剖面）

选择对象：找到 1 个

指定基点或位移，或者 [重复(M)]：〈对象捕捉 开〉指定位移的第二点或〈用第一点作位移〉：〈正交 开〉（图 10-12）。

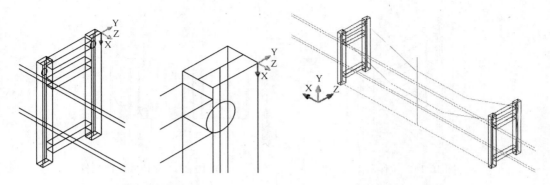

图 10-12　变换 UCS 绘制吊索剖面　　　　图 10-13　绘制吊索路径

(4) 拉伸吊索

在主视图绘制吊索路径（图 10-13）。

命令：_ucs

当前 UCS 名称：*右视*

输入选项

[新建(N)/移动(M)/正交(G)/上一个(P)/恢复(R)/保存(S)/删除(D)/应用(A)/?/世界(W)]

〈世界〉：_fa

选择实体对象的面：

输入选项 [下一个(N)/X 轴反向(X)/Y 轴反向(Y)]〈接受〉：

命令：_extrude

当前线框密度：ISOLINES=4

选择对象：找到 1 个

指定拉伸高度或 [路径(P)]：p(图 10-14)(沿路径拉伸吊索)

(5) 用多段线绘制栏杆并镜像

命令：_pline

指定起点：

当前线宽为 6.0000

指定下一个点或 [圆弧(A)/半宽(H)/长度(L)/放弃(U)/宽度(W)]：w

指定起点宽度 <6.0000>：

指定端点宽度 <6.0000>：

指定下一点或 [圆弧(A)/闭合(C)/半宽(H)/长度(L)/放弃(U)/宽度(W)]：

命令：_offset

指定偏移距离或 [通过(T)] <10.0000>：40（图 10-15）

(6) 选择要修剪的对象（图 10-16）

命令：_trim

(7) 在俯视图上镜像栏杆（图 10-17）

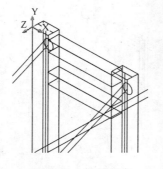
图 10-14 拉伸吊索

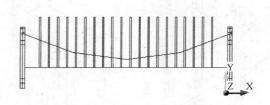
图 10-15 多段线绘制栏杆

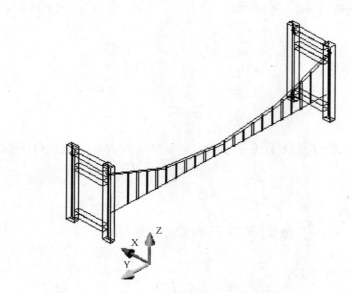
图 10-16 偏移栏杆后修剪

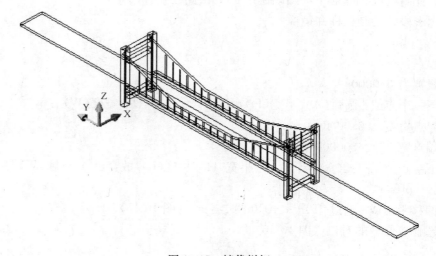
图 10-17 镜像栏杆

命令：_mirror3d

选择对象：指定对角点：找到 33 个

正在恢复执行 MIRROR3D 命令。

指定镜像平面（三点）的第一个点或

[对象(O)/最近的(L)/Z 轴(Z)/视图(V)/XY 平面(XY)/YZ 平面(YZ)/ZX 平面(ZX)/三点(3)]〈三点〉：在镜像平面上指定第二点：在镜像平面上指定第三点：是否删除源对象？[是(Y)/否(N)]〈否〉：

（8）绘制山地

注意：在俯视图上用样条曲线绘制山地外轮廓，用 ELEV 定标高拉伸。

命令：_spline

指定第一个点或[对象(O)]：

指定下一点：

指定下一点或[闭合(C)/拟合公差(F)]〈起点切向〉：c 命令：

命令：_extrude

当前线框密度：ISOLINES=4

选择对象：找到 1 个

指定拉伸高度或[路径(P)]：－300

指定拉伸的倾斜角度〈0〉：

命令：_extrude

当前线框密度：ISOLINES=4

选择对象：找到 1 个

指定拉伸高度或[路径(P)]：－200

指定拉伸的倾斜角度〈0〉：（图 10-18）

（9）绘制拉索

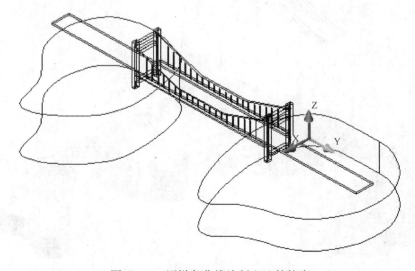

图 10-18　用样条曲线绘制山地外轮廓

变换 UCS，绘制拉索剖面并指定路径拉伸（图 10-19）。

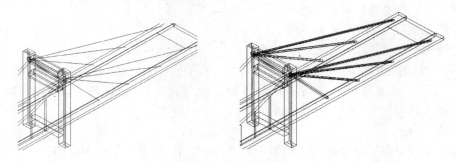

图 10-19　绘制拉索剖面并指定路径拉伸

（10）在俯视图上镜像拉索（图 10-20）

命令：_mirror3d

选择对象：指定对角点：找到 29 个

指定镜像平面（三点）的第一个点或

[对象(O)/最近的(L)/Z 轴(Z)/视图(V)/XY 平面(XY)/YZ 平面(YZ)/ZX 平面(ZX)/三点(3)]〈三点〉：在镜像平面上指定第二点：在镜像平面上指定第三点：是否删除源对象？[是(Y)/否(N)]〈否〉

拉索桥着色图如图 10-21，渲染拉索桥如图 10-22 所示。

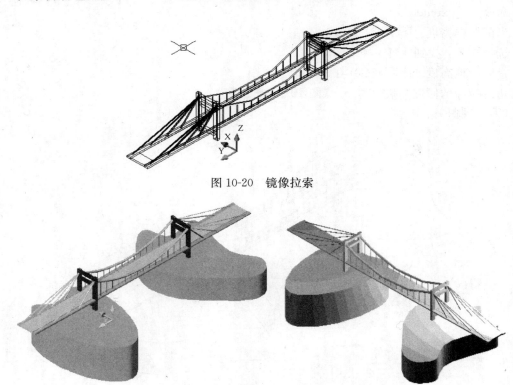

图 10-20　镜像拉索

图 10-21　拉索桥着色　　　　图 10-22　渲染拉索桥

10.3 绘制钢拱桥

(1) 在前视图上绘制桥面和桥墩并拉伸（图10-23）

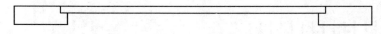

图 10-23 绘制桥面和桥墩

(2) 在俯视图上等分绘制支撑杆截面（图10-24）

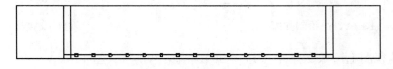

图 10-24 等分绘制支撑杆截面

(3) 在前视图上绘制拱圈（图10-25）
(4) 变换坐标在轴测图上绘制拱圈截面（图10-26）
(5) 沿路径拉伸拱圈截面（图10-27）

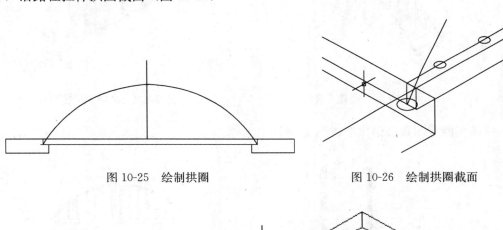

图 10-25 绘制拱圈　　　　　　　　图 10-26 绘制拱圈截面

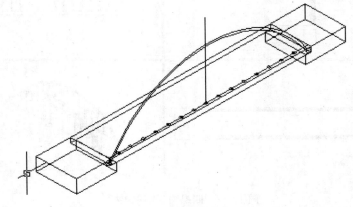

图 10-27 拉伸拱圈截面

（6）在前视图上用多段线捕捉等分节点绘制支撑杆（图10-28）、修减支撑杆（图10-29）。

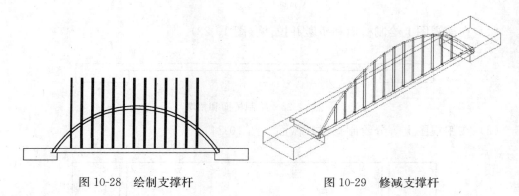

图 10-28　绘制支撑杆　　　　　　　图 10-29　修减支撑杆

（7）在俯视图上镜像支撑杆（图10-30）、渲染钢拱桥（图10-31）

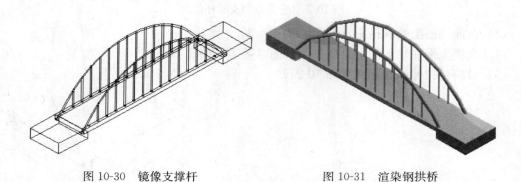

图 10-30　镜像支撑杆　　　　　　　图 10-31　渲染钢拱桥

（8）四视图观察钢拱桥（图10-32）

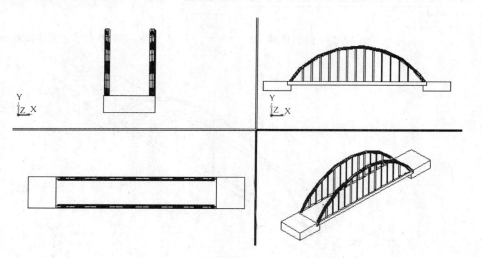

图 10-32　四视图观察钢拱桥

10.4 绘制桁架桥

(1) 在前视图上绘制桥面和桥墩、三角架（图10-33）

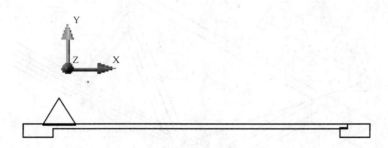

图10-33 绘制桥面和桥墩

(2) 在前视图上用多段线捕捉等分节点绘制栏杆，修减栏杆（图10-34）

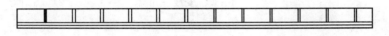

图10-34 绘制栏杆

(3) 变换坐标绘制三角架圆形截面（图10-35），沿路径拉伸三角架圆形截面（图10-36）

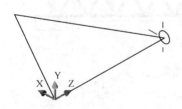 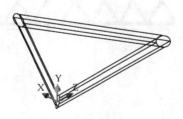

图10-35 绘制三角架圆形截面　　图10-36 拉伸三角架

(4) 在轴测图上安放三角架（图10-37）
(5) 在前视图上阵列三角架（图10-38）
(6) 在俯视图上镜像三角架（图10-39）
(7) 在轴测图上绘制桥顶部桁架（图10-40）
(8) 变换坐标，沿路径拉伸顶部桁架（图10-41）
(9) 在俯视图上阵列桁架（图10-42）
(10) 渲染桁架桥（图10-43）
(11) 四视图观察桁架桥（图10-44）

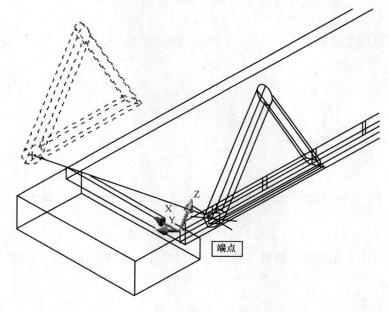

图 10-37 安放三角架

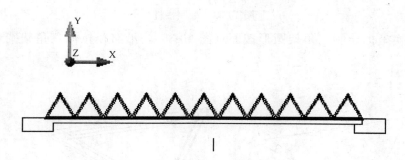

图 10-38 阵列三角架

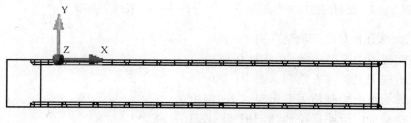

图 10-39 镜像三角架

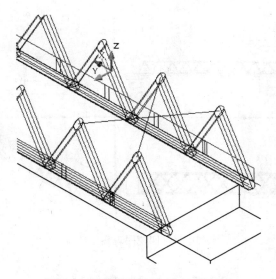

图 10-40 在轴测图上绘桥顶部桁架

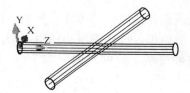

图 10-41 拉伸顶部桁架

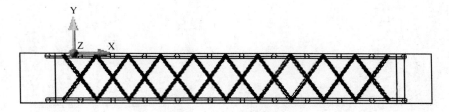

图 10-42 阵列桁架

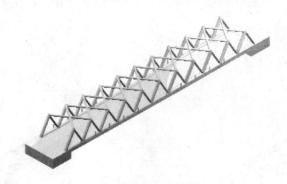

图 10-43 渲染桁架桥

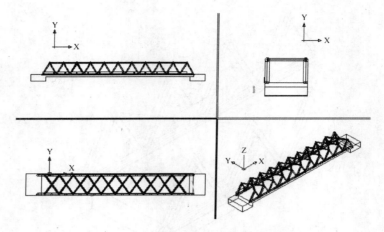

图 10-44 四视图观察桁架桥

10.5 绘制高架桥

（1）在俯视图上用多段线或圆弧绘制弧形道路，用矩形绘制桥墩（图 10-45）
（2）在俯视图上偏移弧形护栏板，按比例缩小桥墩（图 10-46）
（3）拉伸弧形护栏板，拉伸桥墩，拉伸路面（图 10-47），用剖切命令切除两端护栏板（图10-48）

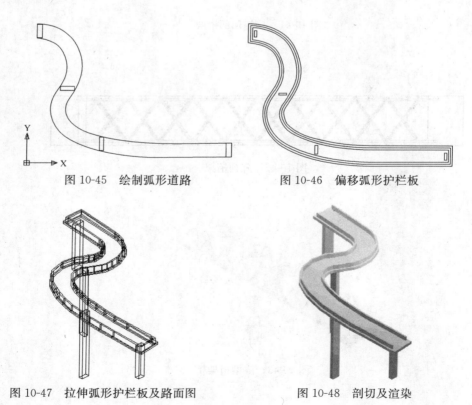

图 10-45 绘制弧形道路　　　　图 10-46 偏移弧形护栏板

图 10-47 拉伸弧形护栏板及路面图　　　　图 10-48 剖切及渲染

10.6 绘制立交桥

(1) 在俯视图上用多段线绘制十字形道路,用矩形绘制桥墩(图 10-49)
(2) 在俯视图上用多段线或圆弧绘制弧形道路,用矩形绘制桥墩(图 10-50)
(3) 拉伸桥墩,拉伸路面(图 10-51)

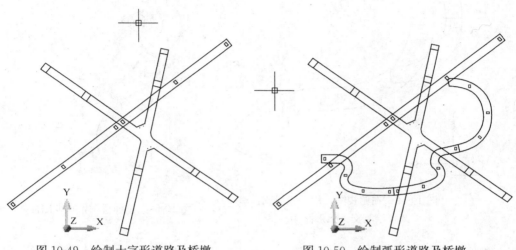

图 10-49 绘制十字形道路及桥墩　　　　图 10-50 绘制弧形道路及桥墩

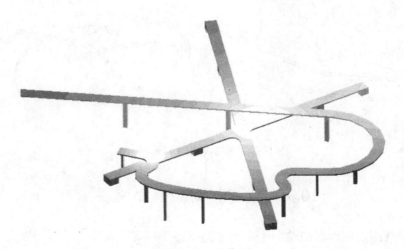

图 10-51 渲染图

10.7 绘制弧形路面与弧形路面相交

(1) 在俯视图上用多段线或圆弧绘制弧形道路,用矩形绘制桥墩(图 10-52)
(2) 拉伸桥墩,拉伸路面(图 10-53)

（3）布尔并交叉弧形路面（图10-54）

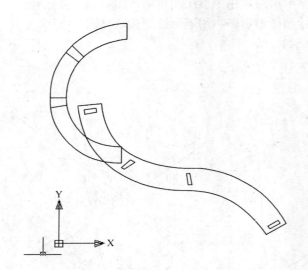

图10-52 在俯视图上用多段线或
圆弧绘制交叉弧形路面

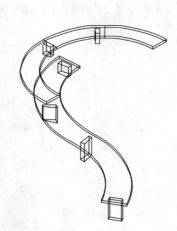

图10-53 拉伸桥墩，拉伸路面

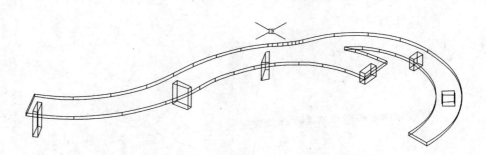

图10-54 布尔并交叉弧形路面

10.8 改变标高绘制立交桥

（1）在俯视图上用多段线绘制十字形道路（图10-55）
（2）在特性对话框中改变桥面标高（图10-56）
（3）改变桥面标高为500（图10-57）
（4）以桥面标高为基准，绘制桥墩的截面并拉伸（图10-58）
（5）拉伸桥面、桥墩（图10-59）
（6）在特性对话框中，改变另一桥面标高为250（图10-60、图10-61），并拉伸桥面、桥墩（图10-62）

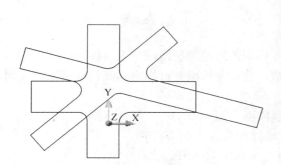
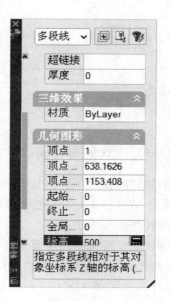

图 10-55　用多段线绘制十字形道路　　　　图 10-56　改变桥面标高对话框

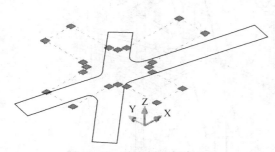
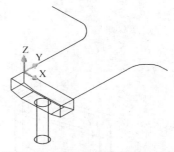

图 10-57　改变桥面标高 500　　　　　　　图 10-58　绘制桥墩的截面并拉伸

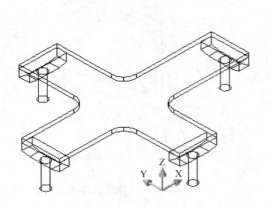
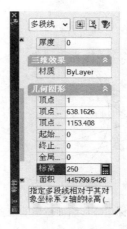

图 10-59　拉伸桥面、桥墩　　　　　　　　图 10-60　改变另一桥面标高对话框

225

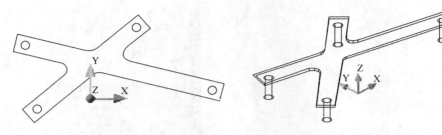

图 10-61　改变另一桥面标高 250　　　　图 10-62　拉伸桥面、桥墩

（7）绘制旋转路面，用等分节点命令标识弧形路面桥墩的位置（图 10-63、图10-64）
（8）在每个节点标识处分别绘制桥墩，在每个桥墩处分别定标高拉伸桥墩，绘制旋转路面，拉伸旋转路面（图 10-65）
（9）用移动命令连接旋转路面与直通路面（图 10-66）
（10）用布尔并命令将旋转路面与直通路面合并（图 10-67）
（11）打开图层观察（图 10-68），渲染图（图 10-69）

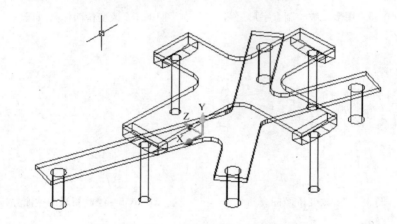

图 10-63　打开图层观察

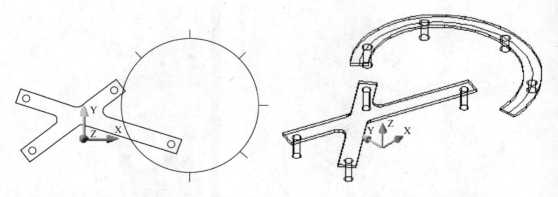

图 10-64　标识弧形路面桥墩的位置　　　　图 10-65　拉伸旋转面及桥墩

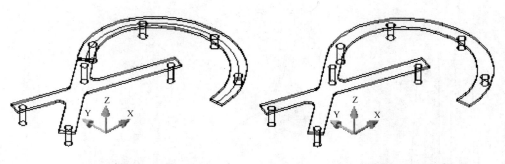

图 10-66 连接旋转路面与直通路面　　　　图 10-67 布尔并旋转路面与直通路面

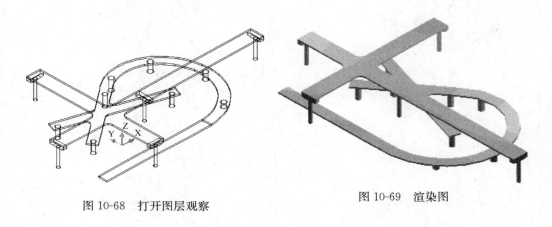

图 10-68 打开图层观察　　　　　　　　　图 10-69 渲染图

10.9 绘制拉索桥

在前视图绘制拉索桥立柱（图10-70），拉伸立柱（图10-71），在立柱顶等分节点（图10-72）。在前视图绘制拉索桥桥面，拉伸桥面，在俯视图等分节点（图10-73），在前视图捕捉节点绘制拉索（图10-74），在俯视图镜像拉索（图10-75）。

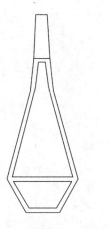

图 10-70 绘制拉索桥立柱　　　　　　　　图 10-71 拉伸拉索桥立柱

图 10-72 等分节点

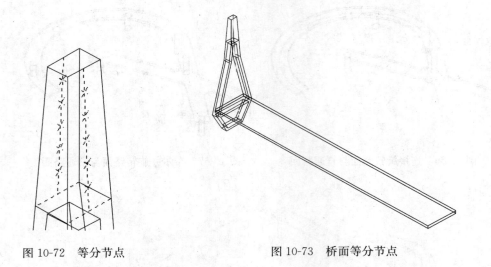

图 10-73 桥面等分节点

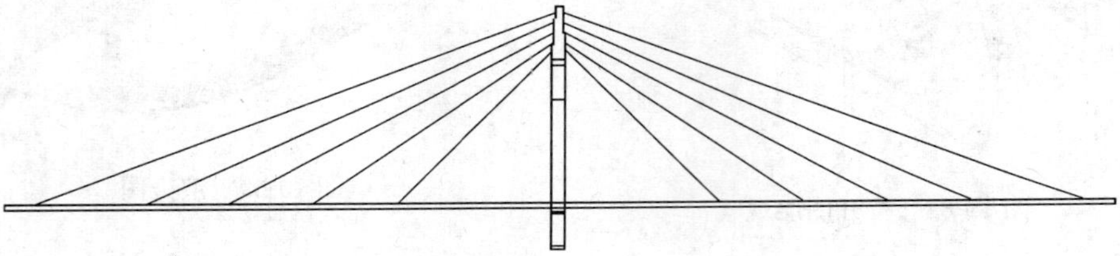

图 10-74 绘制拉索

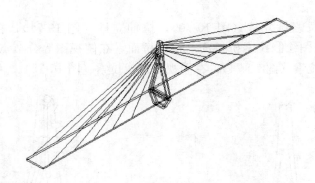

图 10-75 镜像拉索

10.10 绘制大跨度桥

(1) 在前视图用多段线绘制桥面、桥拱、立柱（图 10-76）
(2) 在俯视图镜像桥拱（图 10-77）
(3) 用拉伸命令拉伸桥面、桥拱、立柱（图 10-78）

(4) 用布尔命令在立柱上挖孔（图10-79）
(5) 打开全部图层观察轴测图（图10-80）

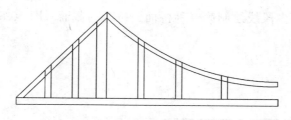

图 10-76　绘制桥面、桥拱、立柱

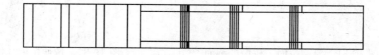

图 10-77　镜像桥拱

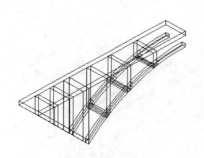 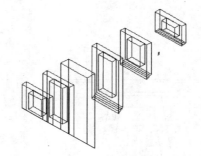

图 10-78　拉伸桥面，桥拱，立柱　　　图 10-79　在立柱上挖孔

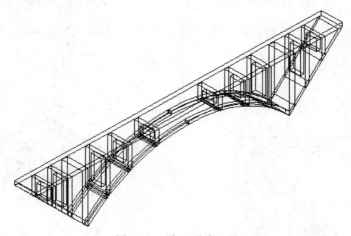

图 10-80　打开全部图层

10.11 绘制桥墩路面

(1) 在前视图用多段线绘制第一种桥面、桥墩的截面（图10-81），拉伸桥面、桥墩（图10-82）。

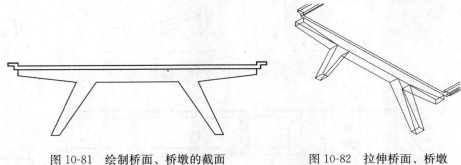

图10-81 绘制桥面、桥墩的截面　　　　图10-82 拉伸桥面、桥墩

(2) 在前视图用多段线绘制第二种桥面、桥墩的截面（图10-83），拉伸桥面、桥墩（图10-84）。

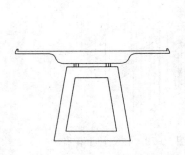 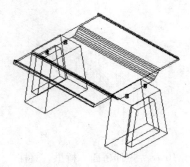

图10-83 绘制桥面、桥墩的截面　　　　图10-84 拉伸桥面、桥墩

(3) 在前视图用多段线绘制第三种桥面、桥墩的截面（图10-85），拉伸桥面、桥墩（图10-86）。

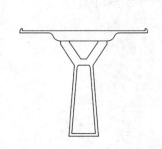 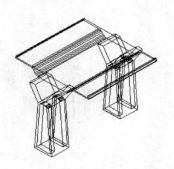

图10-85 绘制桥面、桥墩的截面　　　　图10-86 拉伸桥面、桥墩

(4) 在前视图用多段线绘制第四种桥面、桥墩的截面（见图10-87），拉伸桥面、桥墩（见图10-88、图10-89）

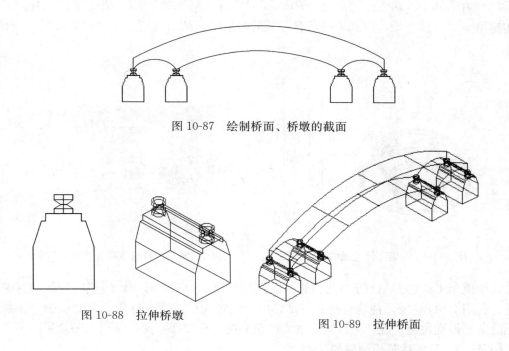

图10-87　绘制桥面、桥墩的截面

图10-88　拉伸桥墩　　　　　图10-89　拉伸桥面

10.12　三维建筑的着色与渲染

10.12.1　三维建筑模型着色

用着色命令（SHADEMODE）对模型着色，并可用（3DORBIT）命令的子命令（CONTINUOUS ORBIT）匀速自动旋转观察着色的建筑模型。着色的好处是便于动态观察建筑模型的各部分并减少不必要的渲染时间。

10.12.2　三维建筑模型渲染分五个步骤

三维建筑模型渲染：建筑模型渲染分五个步骤，渲染后的建筑模型可以获得比着色更加清晰的图像，建筑模型渲染前需对模型配置光源，指定材质，附着贴图，添加背景等。

(1) 配置光源：为了改善模型的外观效果，配置光源和调整光源强度是一种有效的方法，用配置光源命令（LIGHT），进入对话框，选择点光源，选择新建，进入对话框，输入光源G1，调整光源强度，选择修改，确定光源的空间位置，选择确定，在模型的同一坐标系下，作一辅助立方体，辅助立方体的作用在于快速定位光源的空间位置，光源的空间位置在辅助立方体的棱边上定位后，再删除辅助立方体（图10-90）。

(2) 指定材质：为了提高建筑物的外观材质感，用指定材质命令（MATLIB）指定墙体为玻璃材质，楼梯为木料材质，选择输入，选择确定。

(3) 附着贴图：用渲染材质命令（RMAT）使材质附着到建筑物上，选择附着，选择确定，用贴图命令（SETUV）对所需建筑模型附着上述选定材质，再用渲染（REN-

DER）命令对建筑模型渲染。

（4）添加背景：输入背景（BACKGROUND）命令，对建筑物添加背景。进入对话框，选择图像，选择查找文件，选择预览，观察背景图像，若满意，然后选择确认。

（5）渲染模型：输入渲染命令（RENDER）进入对话框，在对话框中，选择照片级真实感渲染，选择渲染，得到下述具有背景的渲染图，从而达到广告的效果（图10-91）。

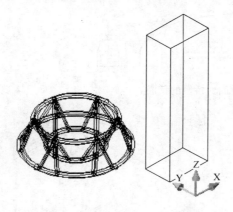 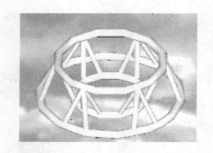

图10-90 快速定位光源的空间位置　　图10-91 附着材质添加背景后渲染

渲染模型可通过CAD的通讯功能，连接到INTERNET网上，传输广告图象。综上所述，利用CAD功能，使建筑物的三维建模，配置光源，指定材质，附着贴图，添加背景，渲染等得到快速实现，生成具有真实感色彩的透视图像，而达到逼真的效果。

10.12.3　三维建筑模型建模实例

三维模型设计前要做一些准备工作：
（1）设置绘图环境及定义工具栏；
（2）设置用户坐标系统；
（3）设置对象跟踪与对象捕捉；
（4）设置绘图区域的背景色及绘图单位；
（5）设置视口及坐标显示方式；
（6）设置图层及定义线型、线宽。
三维建筑模型建模过程：
（1）设置绘图单位及图幅界限。
命令：_limits
重新设置模型空间界限：
指定左下角点或［开（ON）/关（OFF）］<0,0>：
指定右上角点<420,297>：40000,30000
命令：z
［全部（A）/中心点（C）/动态（D）/范围（E）/上一个（P）/比例（S）/窗口（W）］<实时>：a
（2）设置图层（图10-92）。
（3）在0层用多段线绘制墙体轮廓（图10-93），在俯视图上绘制建筑平面图，拉伸建

图 10-92 设置图层对话框

筑平面图(图 10-94),布尔减后着色(图 10-95),绘制窗户拉伸后布尔减(图 10-96),镜像建筑物,绘制各 UCS 面窗户(图 10-97)。

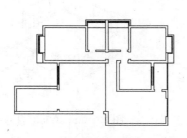

图 10-93 多段线绘制墙体轮廓

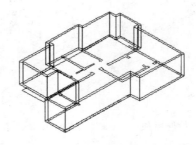

图 10-94 拉伸建筑平面图

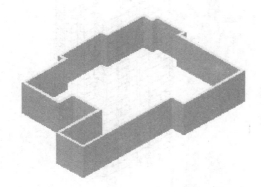

图 10-95 布尔减后着色

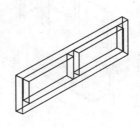

图 10-96 绘制窗户

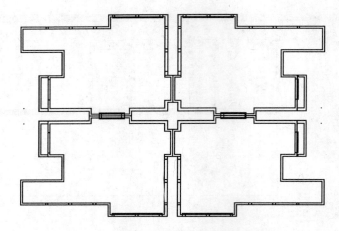

图 10-97 镜像建筑物绘制各 UCS 面窗户

（4）选屋顶图层，用多义线 PLINE 命令绘制屋顶，拉伸屋顶（图 10-98），选屋基图层，用多义线 PLINE 命令屋基，拉伸屋基（图 10-99），在俯视图上绘制凉台并拉伸（图 10-100）打开全部图层观察（图 10-101），三维阵列 20 层（图 10-102）。

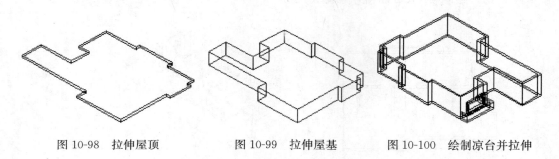

图 10-98 拉伸屋顶　　　　图 10-99 拉伸屋基　　　　图 10-100 绘制凉台并拉伸

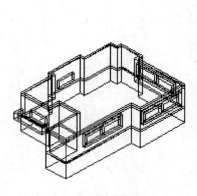

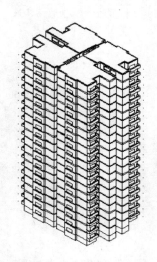

图 10-101 打开全部图层观察　　　图 10-102 三维阵列 20 层

10.12.4 三维建筑模型渲染实例

打开渲染工具条（图10-103）。

三维建筑模型渲染过程：

(1) 配置光源。

光源概述如下：

向场景中添加光源，用来创建更加真实的渲染。

图10-103 渲染工具条

光源完成了对场景的最后处理，选定的光源类型将会全面影响图形。

可以添加点光源、聚光灯和平行光，并可以设置每个光源的位置和特性，调整和操作光源，照亮场景，光源面板使用户可以快速访问基本的光源功能。

阳光与天光模拟，太阳是模拟太阳光源效果的光源，可以用于显示结构投射的阴影如何影响周围区域。

合并灯具对象，灯具对象是将一组对象合并到一个灯具中的辅助对象。

转换光源，从早期版本的 AutoCAD 和其他产品中转换光源特性。

用配置光源命令 (LIGHT)，进入对话框，选择（点光源），选择（新建）。进入对话框，输入光源 Q1，调整光源强度，选择（修改），在辅助立方体上快速定位光源的空间位置，选择（确定）（图10-104），选择（照片级真实感渲染），选择（渲染）（图10-105）。光源列表：用光源列表命令 （图10-106）。

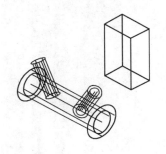

图10-104 配置光源图

图10-105 照片级真实感渲染图

(2) 指定材质：为了提高建筑物的外观材质感，用指定材质命令 指定材质，选择（输入），选择（确定），创建新的材质（图10-107）。

(3) 附着贴图：用渲染材质命令 (RMAT) 使材质附着到建筑物上，选择（附着），选择（确定）（图10-108）。用同样的方法对各图层不同实体附着不同的材质，操作过程不再重复。用贴图命令（SETUV）也可对所需建筑模型附着选定的材质。

(4) 渲染模型：输入渲染命令 (RENDER) 进入对话框，在对话框中，选择（照片级真实感渲染），选择（渲染），得到照片级真实感渲染图（图10-109）。

图 10-106 光源列表

图 10-107 材质对话框

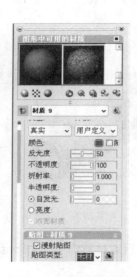
图 10-108 贴图对话框

图 10-109 照片级真实感渲染图

10.13 上机实验

实验 1 绘制石拱桥桥面栏杆
1. 目的要求
学会修改多段线。
2. 操作指导

绘制桥拱轮廓，多段线绘制桥拱外轮廓，修改桥拱为多段线，用多段线绘制桥拱桥面，拉伸桥拱及桥面。

实验 2 绘制桁架桥

1. 目的要求

学会在各个视图上绘制三维实体，关键问题是变换 UCS。

2. 操作指导

在前视图上绘制桥面和桥墩，在前视图上用多段线捕捉等分节点绘制栏杆，变换坐标沿路径拉伸三角架圆形截面，在轴测图上安放三角架，在前视图上阵列三角架，在轴测图上绘制桥顶部桁架，变换坐标，沿路径拉伸顶部桁架，在俯视图上阵列桁架。

实验 3 绘制交叉弧形路面

1. 目的要求

学会用逻辑布尔并运算。

2. 操作指导

在俯视图上用多段线或圆弧绘制弧形道路，布尔并交叉弧形路面。

实验 4 改变标高绘制立交桥

1. 目的要求

学会改变标高绘制三维道路。

2. 操作指导

在俯视图上用多段线绘制十字形道路，改变另一桥面标高，绘制旋转路面，拉伸旋转路面及桥墩，连接旋转路面与直通路面，布尔并旋转路面与直通路面。

实验 5 房屋三维模型渲染

1. 目的要求

掌握房屋三维模型的渲染步骤。

2. 操作指导

建筑模型渲染分五个步骤，渲染后的建筑模型可以获得比着色更加清晰的图像，建筑模型渲染前需对模型配置光源，指定材质，附着贴图，添加背景等。

思 考 题

1. 怎样绘制旋转路面？
2. 怎样绘制交叉弧形路面？
3. 怎样绘制拉索桥拉索？
4. 怎样绘制桥墩？
5. 房屋三维模型设计的步骤是什么？
6. CAD 三维建筑模型渲染分几个步骤？

主要参考文献

[1] 李 瑞. AUTOCAD 2006 实例指导教程. 北京：机械工业出版社，2006.
[2] 郑玉金. AUTOCAD 2005 建筑施工图设计. 北京：电子工业出版社，2005.
[3] 张渝生. 土建 CAD 教程. 第一版. 北京：中国建筑工业出版社，2004.
[4] 陈 克. AUTOCAD 2002 建筑应用实例导学. 北京：清华大学出版社，2002.
[5] 崔洪斌. AUTOCAD 2002 三维图形设计. 北京：清华大学出版社，2001.